2.2.3实例：制作酒杯模型

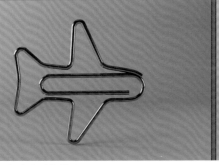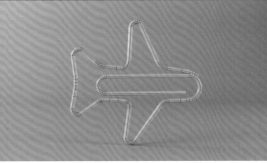

2.2.4实例：制作曲别针模型

U0361098

2.3.2实例：制作葫芦模型

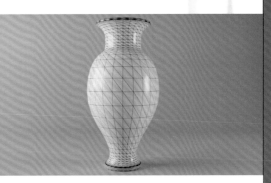

2.3.3实例：制作花瓶模型

3.3.1实例：制作低面数古建筑模型

3.3.2实例：制作低面数汽车模型

3.3.3实例：制作低面数松树模型

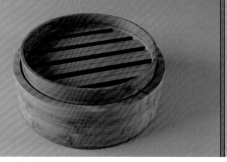

3.3.4实例：制作蒸笼模型

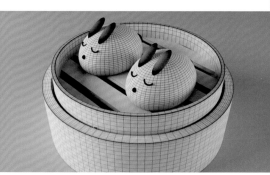

3.3.5实例：制作兔子馒头模型

3.3.6实例：制作方瓶模型

3.3.7实例：制作高尔夫球模型

3.3.8实例：制作儿童凳模型

4.2.3实例：使用"聚光灯"制作静物灯光照明效果　　4.2.4实例：使用"区域光"制作室内天光照明效果

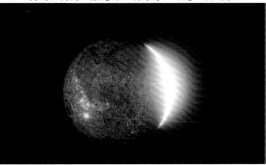

4.3.1实例：使用Area Light制作太空照明效果　　4.3.2实例：使用Physical Sky制作室内阳光照明效果

5.2.2 实例：使用"摄影机"制作景深效果　　5.2.3 实例：使用"摄影机"制作运动模糊效果

6.3.1实例：使用"标准曲面材质"制作玻璃材质

6.3.2实例：使用"标准曲面材质"制作金属材质

6.3.3实例：使用"标准曲面材质"制作玉石材质

6.4.1实例：使用aiWireframe制作线框材质

6.4.2实例：使用aiNoise和aiCellNoise制作陶瓷材质

6.4.3实例：使用aiStandardVolume和aiNoise制作烟雾材质

6.4.4实例：使用aiRandom制作随机颜色材质

6.4.5实例：使用aiUtility制作多彩材质

6.4.6实例：使用"平面映射"制作摆台材质

6.4.7实例：使用"UV编辑器"制作图书材质

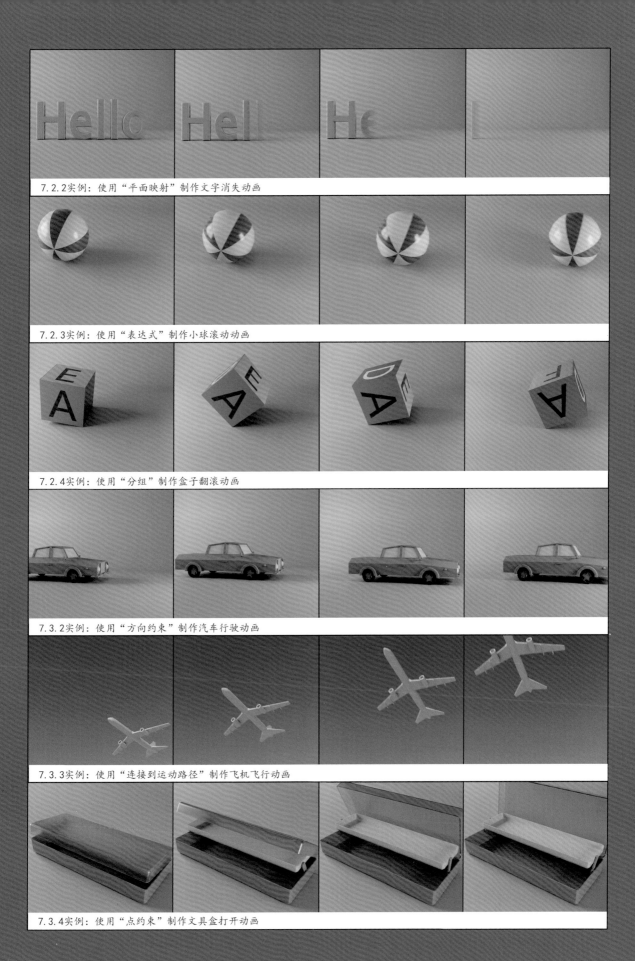

7.2.2实例：使用"平面映射"制作文字消失动画

7.2.3实例：使用"表达式"制作小球滚动动画

7.2.4实例：使用"分组"制作盒子翻滚动画

7.3.2实例：使用"方向约束"制作汽车行驶动画

7.3.3实例：使用"连接到运动路径"制作飞机飞行动画

7.3.4实例：使用"点约束"制作文具盒打开动画

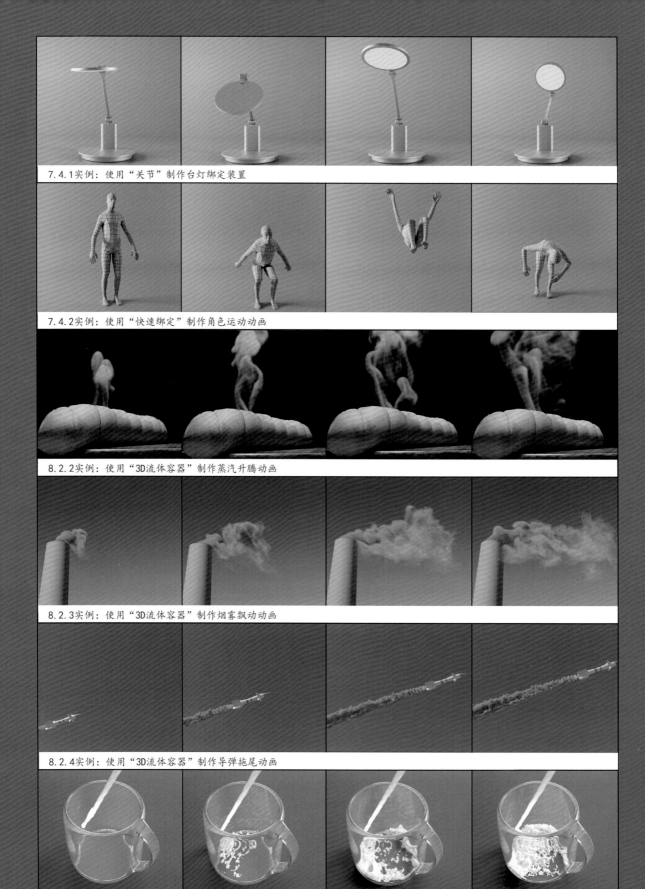

7.4.1实例：使用"关节"制作台灯绑定装置

7.4.2实例：使用"快速绑定"制作角色运动动画

8.2.2实例：使用"3D流体容器"制作蒸汽升腾动画

8.2.3实例：使用"3D流体容器"制作烟雾飘动画

8.2.4实例：使用"3D流体容器"制作导弹拖尾动画

8.3.3实例：使用"液体"制作倒入牛奶动画

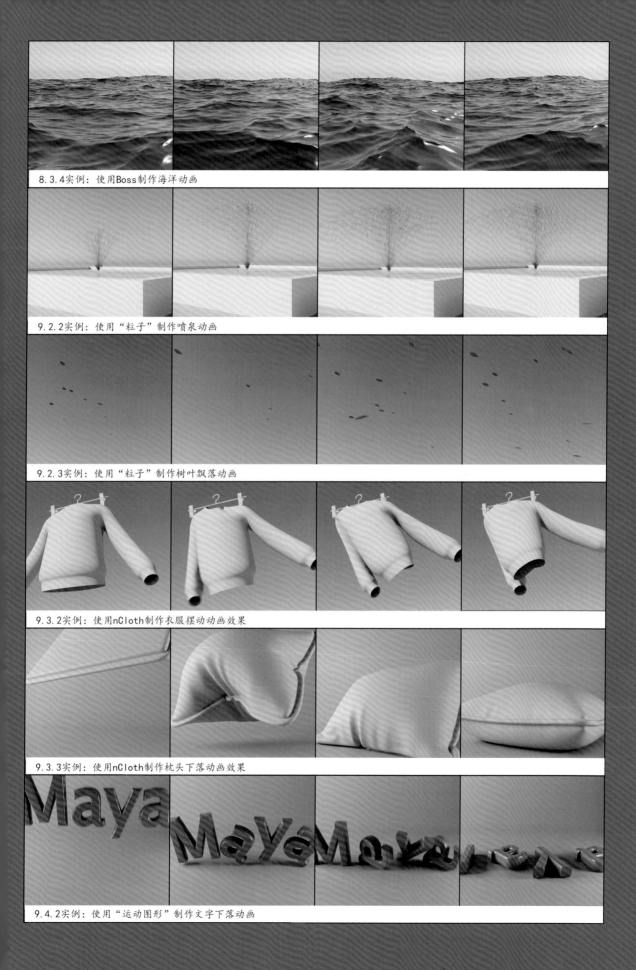

8.3.4实例：使用Boss制作海洋动画

9.2.2实例：使用"粒子"制作喷泉动画

9.2.3实例：使用"粒子"制作树叶飘落动画

9.3.2实例：使用nCloth制作衣服摆动动画效果

9.3.3实例：使用nCloth制作枕头下落动画效果

9.4.2实例：使用"运动图形"制作文字下落动画

10.3综合实例：制作客厅效果图

10.4综合实例：制作别墅效果图

来阳／编著

从新手到高手

AI+Maya 2025

从新手到高手 （微课版）

清华大学出版社

北 京

内 容 简 介

本书是一本主讲如何借助 AI 绘画软件 Stable Diffusion 为读者提供创意思路，使用中文版 Maya 2025 软件来进行三维动画制作的技术书籍。全书共 10 章，包括 Maya 软件的界面组成、模型制作、灯光技术、摄影机技术、材质纹理、动画技术、流体动画、动力学动画及三维与 AI 软件结合使用的综合实例。本书结构清晰、内容全面、通俗易懂，各章均设计了相对应的实用案例，并详细阐述了制作原理及操作步骤，注重提升读者的软件实际操作能力。另外，本书附带的教学资源内容丰富，包括本书所有案例的工程文件、贴图文件和多媒体教学录像，便于读者学以致用。

本书非常适合作为高校和培训机构动画专业的相关课程培训教材，也可以作为广大三维动画爱好者的自学参考用书。另外，本书内容采用 Maya 2025 版本进行设计制作，请读者注意。

版权所有，侵权必究。举报：010-62782989，beiqinquan@tup.tsinghua.edu.cn。

图书在版编目 (CIP) 数据

AI+Maya 2025 从新手到高手：微课版 / 来阳编著 .
北京：清华大学出版社，2025. 3. -- (从新手到高手).
ISBN 978-7-302-68720-7

Ⅰ . TP391.414
中国国家版本馆 CIP 数据核字第 2025TQ5X60 号

责任编辑：陈绿春
封面设计：潘国文
版式设计：方加青
责任校对：胡伟民
责任印制：刘海龙

出版发行：清华大学出版社
　　　　　网　　　址：https://www.tup.com.cn，https://www.wqxuetang.com
　　　　　地　　　址：北京清华大学学研大厦 A 座　　　　　邮　　编：100084
　　　　　社 总 机：010-83470000　　　　　　　　　　　邮　　购：010-62786544
　　　　　投稿与读者服务：010-62776969，c-service@tup.tsinghua.edu.cn
　　　　　质 量 反 馈：010-62772015，zhiliang@tup.tsinghua.edu.cn
印 装 者：大厂回族自治县彩虹印刷有限公司
经　　销：全国新华书店
开　　本：188mm×260mm　　印　张：14.5　　插　页：4　　字　数：470 千字
版　　次：2025 年 5 月第 1 版　　印　次：2025 年 5 月第 1 次印刷
定　　价：99.00 元

产品编号：107986-01

提起Maya，很多朋友曾经问过我，为什么要学习Maya？Maya比3ds Max好在哪里？学生们也时常问我Maya跟3ds Max比起来，哪一款软件更好？在这里我给出我自己的看法。

首先为什么要学习Maya？我大学毕业以来的确是一直使用3ds Max在公司里工作的，3ds Max软件的强大功能深深让我着迷，为此我花费了数年的时间在工作中不断提高自己并乐在其中。至于后来为什么要学习Maya？很简单，答案是工作需要。随着数字艺术的不断发展以及三维软件的不断更新，越来越多的三维动画项目不再仅仅局限于只使用一款三维动画软件来进行制作，有些动画镜头如果换一款软件来进行制作可能会更加便捷，由于一些项目可能会在两个或者更多数量的不同软件之间进行导入导出操作，许多知名的动画公司对三维动画人才的招聘上也不再只限定于使用一款三维软件。所以在工作之余，我开始慢慢接触Maya软件。不得不承认，刚开始确实是有些不太习惯。但是仅仅在几天之后，我便开始觉得学习Maya软件逐渐变得得心应手起来。

另一个问题，Maya跟3ds Max比起来，哪一款软件更好？这个问题对于初学者来说我觉得根本没必要去深究。这两款软件功能同样都很强大，如果一定要对这两款软件进行技术比较，我觉得只有同时使用过这两款软件很长时间的资深高级用户才可以做出正确合理的判断比较，所以同学们完全没有必要去考虑哪一款软件更强大，还是先考虑自己肯花多少时间去钻研学习比较好。Maya是一款非常易于学习的高端三维动画软件，其功能在模型材质、灯光渲染、动画调试以及特效制作等技术方面都表现得非常优秀。从我个人的角度来讲，由于我有多年的3ds Max工作经验，使得我在学习Maya时感觉非常亲切，一点儿也没有感觉自己在学习另一款全新的三维软件。

随着AI绘画技术的普及，本书在讲解Maya 2025软件使用方法的同时，还讲解了一些与AI绘画有关的技巧与应用。AI绘画软件不但可以为我们提供一些创意思路，还可以对渲染出来的三维图像作品进行重绘以得到更加有趣的图像作品。

写作是一件快乐的事情，在这几本书籍的出版过程中，清华大学出版社的编辑老师为这些图书的出版做了很多工作，在此表示诚挚感谢。由于作者的技术能力限制，本书难免有不足之处，还请读者朋友们海涵雅正。最后，非常感谢读者朋友们选择本书，希望您能在阅读本书之后有所收获。

本书的配套资源包括工程文件及视频教学文件，请扫描下面的二维码进行下载，如果有技术性问题，请扫描下面的技术支持二维码，联系相关人员进行解决。如果在配套资源下载过程中碰到问题，请联系陈老师，联系邮箱：chenlch@tup.tsinghua.edu.cn。

技术支持

配套资源

来阳

2025年3月

CONTENTS 目录

第 1 章　熟悉中文版 Maya 2025

第 2 章　曲面建模

第 3 章　多边形建模

第5章　摄影机技术

第4章　灯光技术

第6章　材质与纹理

第 7 章　动画技术

第 8 章　流体动画技术

第 9 章　动力学动画技术

第 10 章　渲染与 AI 绘画

1.1
中文版 Maya 2025 概述

　　随着科技的更新和时代的不断进步，计算机应用已经渗透至各行业的发展工作中，它们无处不在，俨然已经成为人们工作和生活中无法取代的重要电子产品。多种多样的软件技术配合不断更新换代的计算机硬件，使得越来越多的可视化数字媒体产品飞速地融入人们的生活中来。越来越多的艺术专业人员也开始使用数字技术进行工作，诸如绘画、雕塑、摄影等传统艺术学科也都开始与数字技术融会贯通，形成一个全新的学科交叉创意工作环境。

　　中文版Maya 2025是美国欧特克有限公司出品的专业三维动画软件，也是国内应用最广泛的专业三维动画软件之一，旨在为广大三维动画师提供功能丰富、强大的动画工具来制作优秀的动画作品。通过对该软件的多种动画工具组合使用，会使场景看起来更加生动，角色看起来更加真实，其内置的动力学技术模块则可以为场景中的对象进行逼真而细腻的动力学动画计算，从而为三维动画师节省大量的工作步骤及时间，极大地提高动画的精准程度。Maya 2025软件在动画制作业界中声名显赫，

是电影级别的高端制作软件，其强大的动画制作功能和友好便于操作的工作方式使得其得到了广大公司及艺术家的高度青睐。图1-1所示为Maya 2025的软件启动显示界面。

图1-1

1.2
中文版 Maya 2025 的应用范围

　　中文版Maya 2025可以为产品展示、建筑表现、园林景观设计、游戏、电影和运动图形的设计人员提供一套全面的 3D 建模、动画、渲染以及合成的解决方案，应用领域非常广泛。图1-2和图1-3所示为笔者使用该软件制作出来的一些三维图像作品。

图1-2

图1-3

随着AI绘画软件的普及，将Maya制作出的渲染作品导入Stable Diffusion软件，还可以制作出一些有趣的风格化AI绘画作品，如图1-4和图1-5所示。

图1-4

图1-5

1.3
中文版 Maya 2025 的工作界面

学习使用中文版Maya 2025时，首先应熟悉软件的操作界面与布局，为以后的创作打下基础。图1-6所示为中文版Maya 2025软件打开之后的界面。

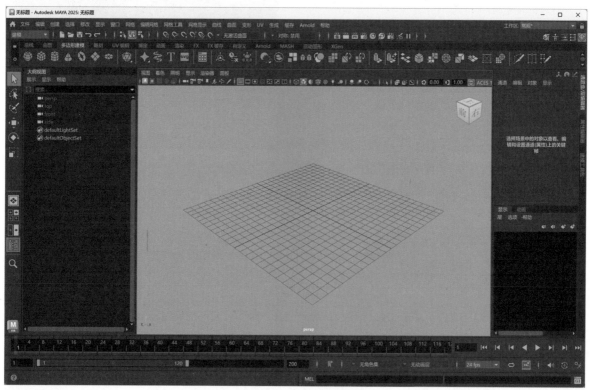

图1-6

1.3.1　主屏幕

当用户第一次打开软件时，系统会自动显示主屏幕，用户可以单击"新建"按钮，如图1-7所示"新建场景"按钮和"转到Maya"按钮来创建新场景文件。

图1-7

1.3.2　菜单集与菜单

中文版Maya 2025与其他软件的不同之处就在于Maya拥有多个不同的菜单栏，这些菜单栏通过"菜单集"来管理并供用户选择使用，主要分为"建模""绑定""动画"、FX和"渲染"，如图1-8～图1-12所示。这些菜单栏并非所有命令都不一样，仔细观察，不难发现这些菜单栏的前7个命令和后3个命令是完全一样的。

图1-8

图1-9

图1-10

图1-11

图1-12

　　用户还可以将"菜单集"设置为"自定义"选项，这时系统会自动弹出"菜单集编辑器"窗口，用户可以将自己常用的一些命令放置于该菜单中，如图1-13所示。

图1-13

1.3.3　状态行工具栏

　　状态行工具栏位于菜单栏下方，包含许多常用的常规命令图标，这些图标被多个垂直分隔线隔开，用户可以单击垂直分隔线来展开和收拢图标组，如图1-14所示。

图1-14

1.3.4　工具架

　　中文版Maya 2025的工具架根据命令的类型及作用分为多个标签来进行显示，其中，每个标签里都包含了对应的常用命令图标。

　　"曲线"工具架主要由可以创建曲线及修改曲线的相关图标组成，如图1-15所示。

图1-15

　　"曲面"工具架主要由可以创建曲面及修改曲面的相关图标组成，如图1-16所示。

图1-16

　　"多边形建模"工具架主要由可以创建多边形及修改多边形的相关图标组成，如图1-17所示。

图1-17

　　"雕刻"工具架主要由对模型进行雕刻操作建模的相关图标组成，如图1-18所示。

图1-18

　　"UV编辑"工具架主要由设置多边形贴图坐标的相关图标组成，如图1-19所示。

图1-19

"绑定"工具架主要由对角色进行骨骼绑定以及设置约束动画的相关图标组成，如图1-20所示。

图1-20

"动画"工具架主要由制作动画以及设置约束动画的相关图标组成，如图1-21所示。

图1-21

"渲染"工具架主要由灯光、材质以及渲染的相关图标组成，如图1-22所示。

图1-22

FX工具架主要由粒子、流体及布料动力学的相关图标组成，如图1-23所示。

图1-23

"FX缓存"工具架主要由设置动力学缓存动画的相关图标组成，如图1-24所示。

图1-24

MASH工具架主要由创建MASH网络对象的相关图标组成，如图1-25所示。

图1-25

"运动图形"工具架主要由创建几何体、曲线、灯光、粒子的相关图标组成，如图1-26所示。

图1-26

XGen工具架主要由设置毛发的相关图标组成，如图1-27所示。

图1-27

Arnold工具架主要由设置真实的灯光及天空环境的相关图标组成，如图1-28所示。

图1-28

Bifrost工具架主要由设置流体动力学的相关图标组成，如图1-29所示。

图1-29

1.3.5 工具箱

工具箱位于Maya 2025界面的左侧，主要为用户提供选择对象和控制对象变换属性的常用工具，如图1-30所示。

工具解析

图1-30

- 选择工具：选择场景和编辑器当中的对象及组件。
- 套索工具：以绘制套索的方式来选择对象。
- 绘制选择工具：以笔刷的绘制方式来选择对象。

- 移动工具：通过拖动变换操纵器移动场景中所选择的对象。
- 旋转工具：通过拖动变换操纵器旋转场景中所选择的对象。
- 缩放工具：通过拖动变换操纵器缩放场景中所选择的对象。

1.3.6 "视图"面板

Maya 2025的"视图"面板允许用户自行选择在哪一个方向来观察场景，其上方有一条"工具栏"，我们可以在此处设置"视图"面板的模型显示方式及亮度，如图1-31所示。

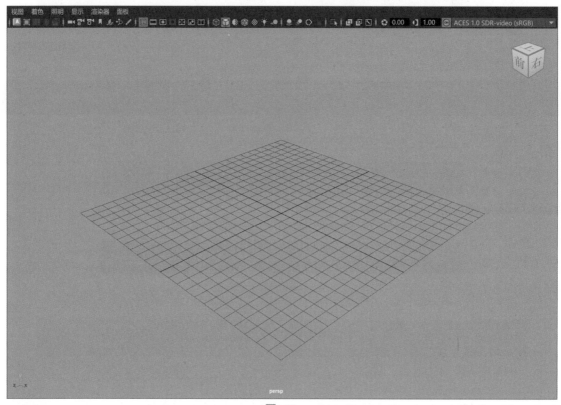

图1-31

工具解析

- Start/Stop Arnold in the viewport：单击该按钮可以使用Arnold渲染器渲染视图，如图1-32所示。
- Define a crop window：定义裁剪窗口，仅渲染框选范围内的画面，如图1-33所示。
- Set the viewport's render resolution：设置视口的渲染分辨率。
- Set shading to debug mode：根据不同的着色方式在视口中渲染场景。

- Select display channels：选择显示通道。
- 选择摄影机：在面板中选择当前摄影机。
- 锁定摄影机：锁定摄影机，避免意外更改摄影机位置并进而更改动画。
- 摄影机属性：打开"摄影机属性编辑器"面板。
- 书签：将当前视图设定为书签。
- 图像平面：切换现有图像平面的显示。如果场景不包含图像平面，则会提示用户导入图像。
- 二维平移/缩放：开启和关闭二维平移/缩放。

图1-32

图1-33

- ✏blue Pencil：单击该按钮可以打开blue Pencil工具栏，如图1-34所示。它允许用户使用虚拟绘制工具在屏幕上绘制图案，如图1-35所示。

图1-34

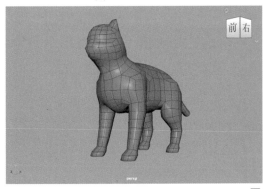
图1-35

- 栅格：在视图面板上切换显示栅格。图1-36所示为在视图中显示栅格前后的效果对比。
- 胶片门：切换胶片门边界的显示。
- 分辨率门：切换分辨率门边界的显示。图1-37所示为该按钮按下前后的视图显示结果对比。
- 门遮罩：切换门遮罩边界的显示。图1-38所示为该按钮按下前后的视图显示结果对比。

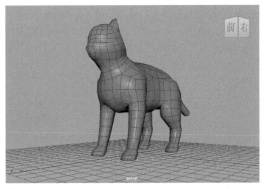

图1-36

图1-37

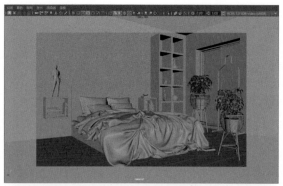

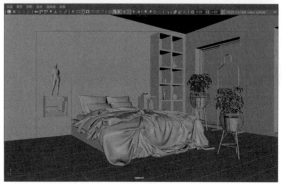

图1-38

- ▣区域图：切换区域图边界的显示。
- ▣安全动作：切换安全动作边界的显示。
- ▣安全标题：切换安全标题边界的显示。
- ▣线框：单击该按钮，视图中的模型呈线框显示效果，如图1-39所示。

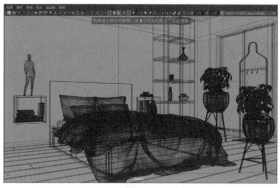

图1-39

- ▣对所有项目进行平滑着色处理：单击该按钮，视图中的模型呈平滑着色处理显示效果，如图1-40所示。
- ▣使用默认材质：切换"使用默认材质"的显示。
- ▣着色对象上的线框：切换所有着色对象上的线框显示。
- ▣带纹理：切换"硬件纹理"的显示。
- ▣使用所有灯光：通过场景中的所有灯光切

换曲面的照明。

- ▣阴影：切换"使用所有灯光"处于启用状态时的硬件阴影贴图。
- ▣屏幕空间环境光遮挡：在开启和关闭"屏幕空间环境光遮挡"之间进行切换。
- ▣运动模糊：在开启和关闭"运动模糊"之间进行切换。
- ▣多采样抗锯齿：在开启和关闭"多采样抗锯齿"之间进行切换。
- ▣景深：在开启和关闭"景深"之间进行切换。

图1-40

- ▣隔离选择：限制视图面板以仅显示选定对象。
- ▣X射线显示：单击该按钮，视图中的模型呈半透明度显示效果，如图1-41所示。

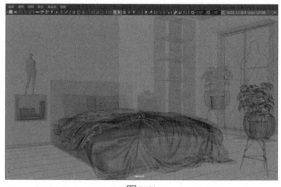

图1-41

- ▣X射线显示活动组件：在其他着色对象的顶部切换活动组件的显示。
- ▣X射线显示关节：在其他着色对象的顶部切换骨架关节的显示。

1.3.7　工作区选择器

"工作区"可以理解为多种窗口、面板以及其他界面选项根据不同的工作需要而形成的一种排列方式，中文版Maya 2025允许用户根据自己的喜好随意更改当前工作区，例如打开、关闭和移动窗口、面板和其他UI元素，以及停靠和取消停靠窗口和面板，这就创建了属于自己的自定义工作区。此外，该软件还为用户了提供了多种工作区的显示模式，这些不同的工作区在三维艺术家进行不同种类的工作时非常好用，如图1-42所示。

图1-42

1.3.8 通道盒

"通道盒"位于Maya 2025软件界面的右侧，与"建模工具包"和"属性编辑器"叠加在一起，是用于编辑对象属性的最快最高效的主要工具。它允许用户快速更改属性值，在可设置关键帧的属性上设置关键帧、锁定或解除锁定属性以及创建属性的表达式。当用户在场景中没有选择对象时，"通道盒"不会显示任何参数，如图1-43所示。

图1-43

1.3.9 建模工具包

"建模工具包"选项卡中提供了多边形建模的常用工具，用户可以很方便地在多边形的顶点、边、面以及UV层级中对模型进行修改编辑，如图1-44所示。

图1-44

1.3.10 属性编辑器

"属性编辑器"主要用来修改物体的自身属性，从功能上来说与"通道盒"的作用非常类似，但是"属性编辑器"为用户提供了更加全面、完整的节点命令以及图形控件。如果用户没有选择任何对象，"属性编辑器"选项卡则不会显示任何参数，如图1-45所示。

图1-45

1.3.11　播放控件

"播放控件"是一组用于控制播放动画的按钮集合，如图1-46所示。

图1-46

工具解析

- ◄◄转至播放范围开头：单击该钮转到播放范围的起点。
- ◄后退一帧：单击该按钮后退一帧。
- ◄后退到前一关键帧：单击该按钮后退至前一个关键帧。
- ◄向后播放：单击该按钮可以反向播放场景动画。

- ►向前播放：单击该按钮可以正向播放场景动画。
- ►前进到下一关键帧：单击该按钮前进至下一个关键帧。
- ►前进一帧：单击该按钮前进一帧。
- ►►转至播放范围末尾：单击该按钮转到播放范围的结尾。

1.3.12　帮助行和命令行

中文版Maya 2025软件界面的最下方就是"帮助行"和"命令行"。其中，"帮助行"主要显示工具的简短描述，而"命令行"的左侧区域用于输入单个 MEL 命令，右侧区域用于提供反馈。如果用户熟悉Maya的 MEL脚本语言，则可以使用这些区域，如图1-47所示。

选择工具:选择一个对象　　　　　　　　　　　MEL

图1-47

1.4
软件基础操作

学习一款新的软件技术，首先应该熟悉该软件的基本操作。幸运的是，相同类型的软件其基本操作总是比较相似的。例如用户如果拥有使用Photoshop的工作经验，那么在学习Illustrator时则会感觉得心应手；同样，如果之前接触过3ds Max的用户再学习Maya软件，也会感觉似曾相识。事实上，Autodesk公司将Maya软件收购以后，便不断尝试将旗下的3ds Max软件与Maya软件进行一些操作上的更改，以确保习惯了一方的用户再使用另一款软件时能够迅速上手以适应项目需要。

本节来分别讲解中文版Maya 2025软件的对象选择、变换对象、复制对象及视图切换4部分的基础操作内容。

1.4.1　基础知识：对象选择

本例主要演示交互式创建、层次选择模式、对象选择模式、组件选择模式、大纲视图、对象成组、软选择的操作方法。

01 启动中文版Maya 2025软件，单击"多边形建模"工具架上的"多边形球体"图标，如图1-48所示，即

可在场景中创建一个球体模型，如图1-49所示。

图1-48

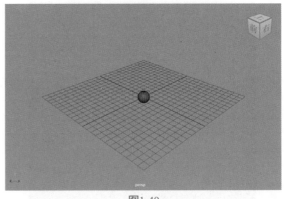

图1-49

02 执行"创建"|"多边形基本体"|"交互式创建"命令，如图1-50所示。

03 再次单击"多边形建模"工具架上的"多边形球体"图标，则可以在场景中任意位置处以交互式创建的方式来创建球体模型，如图1-51所示。

04 选择这两个球体模型，执行"编辑"|"分组"命令，即可将选择的对象设置为一个组合。同时，视图的左上角还会弹出"项目分组成功"的提示，如图1-52所示。

图1-50

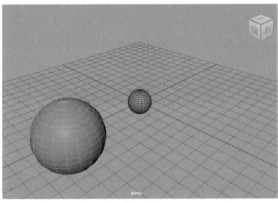

图1-51

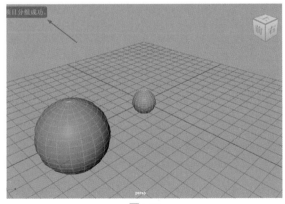

图1-52

05 在"大纲视图"面板中，可以看到成组后场景中各对象之间的层级关系，如图1-53所示。

06 依次单击"状态行工具栏"中的"按层次和组合选择""按对象类型选择"和"按组件类型选择"这

3个图标，如图1-54所示。场景中球体模型的选择状态如图1-55～图1-57所示。

07 按B键，开启"软选择"模式，再次查看球体模型上顶点的选择状态，如图1-58所示。

图1-53

图1-54

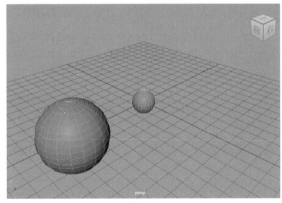

图1-55

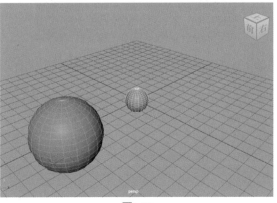

图1-56

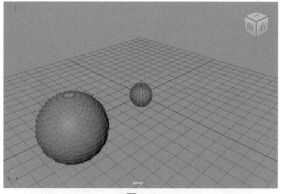

图1-57

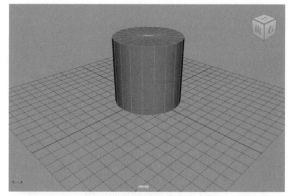

图1-60

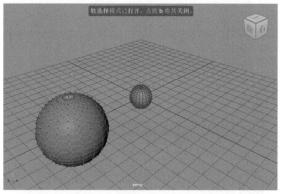

图1-58

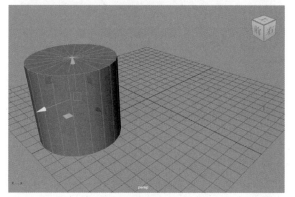

图1-61

技巧与提示：开启"软选择"模式后，视图的上方中间位置处会弹出提示。

1.4.2　基础知识：变换对象

本例主要演示移动工具、旋转工具和缩放工具的操作方法。

01 启动中文版Maya 2025软件，单击"多边形建模"工具架上的"多边形圆柱体"图标，如图1-59所示。

图1-59

02 在场景中创建一个圆柱体模型，如图1-60所示。

03 按W键，可以使用"移动工具"更改圆柱体模型的位置，如图1-61所示。

04 按E键，可以使用"旋转工具"更改圆柱体模型的角度，如图1-62所示。

05 按R键，可以使用"缩放工具"更改圆柱体模型的大小，如图1-63所示。

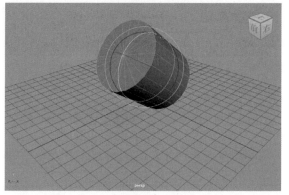

图1-62

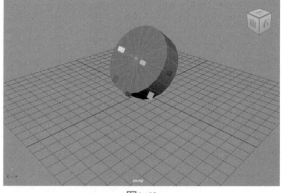

图1-63

06 在"通道盒/层编辑器"选项卡中，可以观察圆柱体的变换相关属性，如图1-64所示。

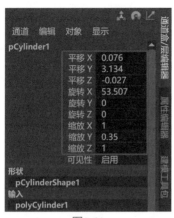

图1-64

07 在"变换属性"卷展栏中，也可以找到同样的参数，如图1-65所示。

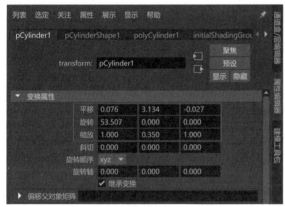

图1-65

08 在"通道盒/层编辑器"选项卡中，设置"平移X""平移Y""平移Z""旋转X""旋转Y""旋转Z"均为0，设置"缩放X""缩放Y""缩放Z"均为1，如图1-66所示。

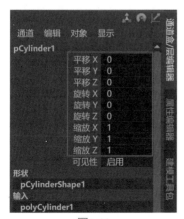

图1-66

09 圆柱体就会恢复原来的大小及旋转角度，并且处于栅格的中心点位置处，如图1-67所示。

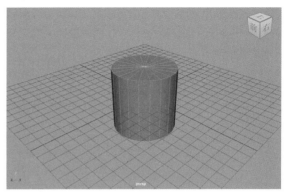

图1-67

1.4.3 基础知识：复制对象

本例主要演示复制、特殊复制、复制并变换的操作方法。

01 启动中文版Maya 2025软件，单击"多边形建模"工具架上的"多边形圆柱体"图标，如图1-68所示。

图1-68

02 在场景中创建一个圆柱体模型，如图1-69所示。

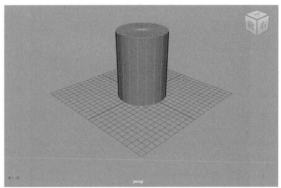

图1-69

03 按住Shift键，配合"移动工具"可以复制出一个新的圆柱体模型，如图1-70所示。

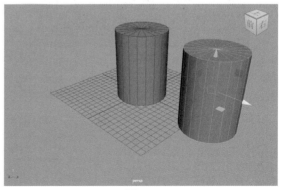

图1-70

04 多次按Shift+D快捷键，则可以对物体进行"复制并变换"操作，可以看到Maya软件快速地生成了一排间距相同的圆柱体模型，如图1-71所示。

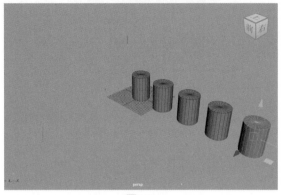

图1-71

05 将复制出来的所有圆柱体模型删除，选择最初创建的圆柱体模型，单击"编辑"|"特殊复制"命令后面的方形按钮，如图1-72所示。

图1-72

06 在弹出的"特殊复制选项"面板中，设置"几何体类型"为"实例"、"下方分组"为"世界"、"平移"为（0,0,10）、"副本数"为3，单击该面板下方左侧的"特殊复制"按钮，如图1-73所示。

07 这样复制出来的模型与原来的模型会共用相同的参数，更改任意一个圆柱体的属性，其他圆柱体模型也会发生相应的变化，如图1-74所示。

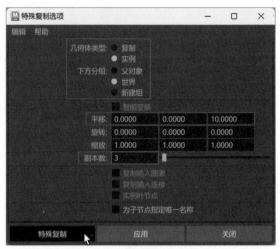

图1-73

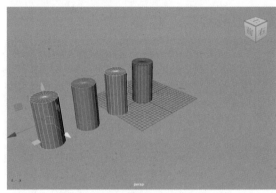

图1-74

1.4.4 基础知识：视图切换

本例主要演示视图切换、显示模式的操作方法。

01 启动中文版Maya 2025软件，单击"多边形建模"工具架上的"多边形圆柱体"图标，如图1-75所示。

图1-75

02 在场景中创建一个圆柱体模型，如图1-76所示。

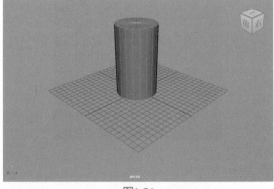

图1-76

03 按空格键，则可以快速切换至四视图显示模式，如图1-77所示。

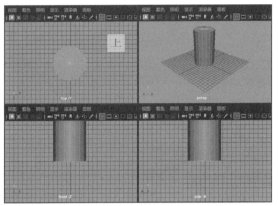

图1-77

04 将光标放置于"顶视图"上，再次按空格键，使得该视图最大化显示，如图1-78所示。

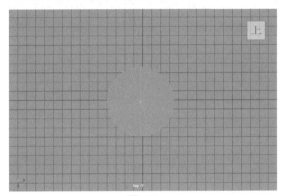

图1-78

05 执行视图上的"面板"|"透视"|persp命令，如图1-79所示，即可将"前视图"直接更改为"透视视图"。

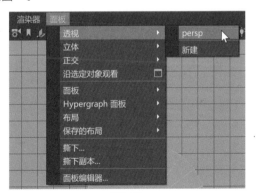

图1-79

06 按住空格键，再按住Maya按钮，可以在弹出的菜单中直接切换至其他视图，如图1-80所示。

07 按4键，可以将视图切换为"线框"显示效果，同时，视图上方会提示用户按5键可在着色模式下显示对象，如图1-81所示。

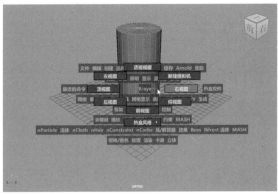

图1-80

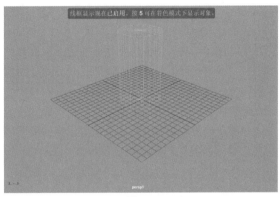

图1-81

08 按5键，可以将视图切换为"平滑着色"显示效果，同时，视图上方会提示用户按4键可在线框模式下显示对象，如图1-82所示。

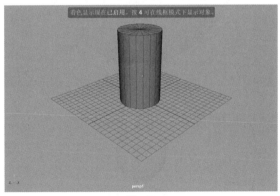

图1-82

技巧与提示：多次按Alt+B快捷键，可以更改视图的背景颜色。

第 2 章
曲面建模

2.1
曲面建模概述

曲面建模也叫NURBS建模。通过中文版Maya 2025中"曲线"和"曲面"工具架中的图标集合，用户有两种方式可以创建曲面模型。一是通过创建曲线的方式来构建曲面的基本轮廓，并配以相应的命令来生成模型；二是通过创建曲面基本体的方式来绘制简单的三维对象，然后再使用相应的工具修改其形状来获得我们想要的几何形体，如图2-1和图2-2所示。

图2-1

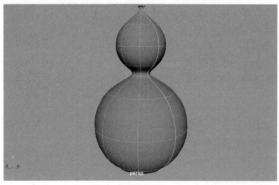

图2-2

如今，NURBS 曲面建模技术被广泛应用于动画、游戏、科学可视化和工业设计领域。使用曲面建模可以制作出任何形状的、精度非常高的三维模型，同时，这一建模方式也非常容易被用户学习及使用。

2.2
曲线工具

中文版Maya 2025提供了多种曲线工具为用户使用，这些跟曲线有关的工具可以在"曲线"工具架上找到，如图2-3所示。

图2-3

工具解析

- ○NURBS圆形：创建NURBS圆形。
- ▣NURBS方形：创建一个由4条线组成的NURBS方形组合。
- ◣EP曲线工具：通过指定编辑点来创建曲线。
- ◹铅笔曲线工具：通过移动光标来创建曲线。
- ◠三点圆弧：通过指定三个点来创建圆弧。
- ◟附加曲线：将选择的两条曲线附加在一起。
- ◢分离曲线：根据曲线参数点的位置将曲线断开。
- ◣插入结：根据曲线参数点的位置插入编辑点。
- ◣延伸曲线：延伸所选择的曲线长度。
- ◠偏移曲线：偏移所选择的曲线。
- ◢重建曲线：重建所选择的曲线。
- ◣添加点工具：通过添加指定点的位置来延长所选择的曲线。
- ◢曲线编辑工具：编辑所选择的曲线。
- ▦Bezier曲线工具：创建Bezier曲线。

> **技巧与提示**：在Maya更早的版本中，"曲线"工具架和"曲面"工具架为一个工具架，名称为"曲线/曲面"工具架。

2.2.1　基础知识：使用 Stable Diffusion 绘制产品参考图

本例主要演示在Stable Diffusion中使用文生图绘制AI参考图的操作方法。

01 在"模型"选项卡中，单击"DreamShaper"模型，如图2-4所示，并将其设置为"Stable Diffusion模型"。

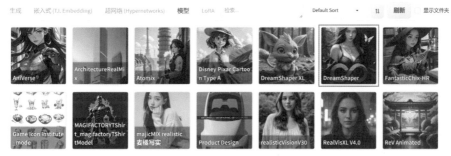

图2-4

02 在"文生图"选项卡中输入中文提示词："红酒杯，灰色背景"后，按Enter键则可以生成对应的英文："wine_glass,grey_background,"，如图2-5所示。

图2-5

03 在"生成"选项卡中，设置"迭代步数（Steps）"为30、"总批次数"为2，如图2-6所示。

图2-6

04 单击"生成"按钮，绘制出来的酒杯图像效果如图2-7所示。

05 在"反向词"文本框内输入："正常质量，低分辨率，低质量，最差质量"，按Enter键，即可将其翻译为英文："normal quality,lowres,low quality,worstquality,"，并提高这些反向提示词的权重，如图2-8所示。

图2-7

Stable Diffusion 模型		外挂 VAE 模型			CLIP 终止层数	2
DreamShaper.safetensors [879db523c3] ▼	⊡	None	▼	⊡	—●———————	

文生图　图生图　后期处理　PNG图片信息　模型融合　训练　无边图像浏览　模型转换　超级模型融合　模型工具箱

wine_glass,grey_background,

8/75

▽ 提示词 (8/75)　🌐 ⚙ 🗇 🗒 🗒 🗇 🗑 ⊡　☑▯ 请输入新关键词

wine_glass ×　grey_background ×
　红酒杯　　灰色背景

⌃

(normal quality:2),(lowres:2),(low quality:2),(worstquality:2),

13/75

▽ 反向词 (13/75)　🌐 ⚙ 🗇 🗒 🗒 🗇 🗑　☑▯ 请输入新关键词

(normal quality:2) ×　(lowres:2) ×　(low quality:2) ×　(worstquality:2) ×
　(正常质量:2)　　(低分辨率:2)　(低质量:2)　　(最差质量:2)

⌃

图2-8

06 重绘图像，绘制出来的酒杯图像效果如图2-9所示，可以看出图像的质量较之前有了明显的提高。

图2-9

技巧与提示：由于AI绘画的随机性特点，读者即使输入同样的提示词也不会得到一模一样的图像，但是可以得到内容较为接近的画面。

2.2.2　基础知识：创建及修改曲线

本例主要演示创建曲线、编辑曲线、为曲线添加顶点、退出编辑的操作方法。

01 启动中文版Maya 2025软件，单击"曲线"工具架上的"NURBS圆形"图标，如图2-10所示。

图2-10

02 在场景中创建一条圆形曲线，如图2-11所示。

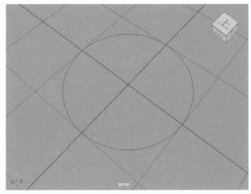

图2-11

03 选择圆形曲线，右击并在弹出的命令中执行"控制顶点"命令，如图2-12所示。

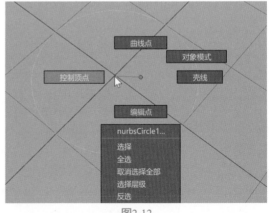

图2-12

04 选择如图2-13所示的顶点，可以使用"移动工具"调整曲线的形态，如图2-14所示。

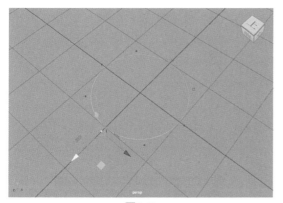

图2-13

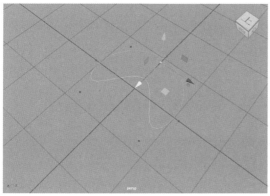

图2-14

05 右击并在弹出的命令中执行"曲线点"命令，如图2-15所示。

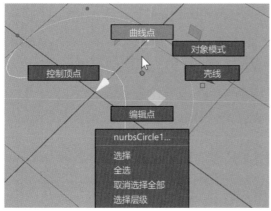

图2-15

06 按Shift键，在如图2-16所示位置处添加4个黄色的顶点。

07 单击"曲线"工具架上的"插入结"图标，如图2-17所示。这样可以在黄色顶点位置处为曲线添加新的顶点。

08 再次调整曲线的形态至图2-18所示。

图2-16

图2-17

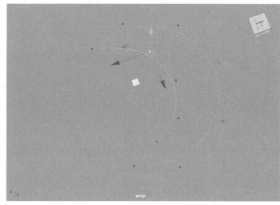

图2-18

09 调整完成后，退出曲线的编辑状态，一条月亮形状的曲线就制作完成了，如图2-19所示。

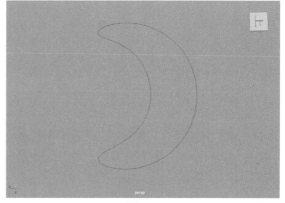

图2-19

2.2.3 实例：制作酒杯模型

本实例主要讲解如何使用"曲线"工具架上的"Bezier曲线工具"制作一个酒杯模型，模型的渲染效果如图2-20所示。

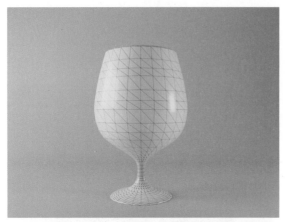

图2-20

01 启动中文版Maya 2025软件，按住空格键，单击Maya按钮，在弹出的命令中选择"前视图"，如图2-21所示，即可将当前的透视视图切换至"前视图"，如图2-22所示。

02 在"大纲视图"面板中，选择名称为front的摄影机，如图2-23所示。

03 在"环境"卷展栏中，单击"图像平面"后面的"创建"按钮，如图2-24所示，即可在场景中添加一个图像平面，如图2-25所示。

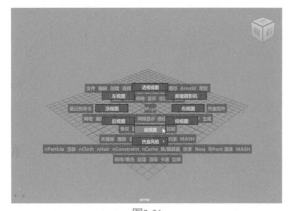

图2-21

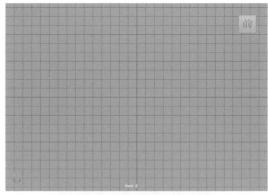

图2-22

图2-23

图2-24

图2-25

04 在"大纲视图"面板中，可以看到图像平面的名称，如图2-26所示。

图2-26

05 在"图像平面属性"卷展栏中，为"图像名称"添加一张"AI酒杯.png"文件，如图2-27所示。这样，即可将图像导入Maya软件中作为建模的参考图使用，如图2-28所示。

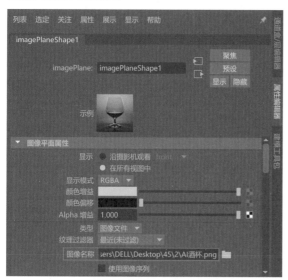

图2-27

图2-28

06 在"曲线"工具架上单击"Bezier曲线工具"图标，如图2-29所示。

图2-29

07 在"前视图"中根据导入的参考图绘制出酒杯的侧面线条，如图2-30所示。

图2-30

08 选择绘制完成的曲线，右击并在弹出的命令中执行"控制顶点"命令，如图2-31所示，进入Bezier曲线的"顶点"子层级。

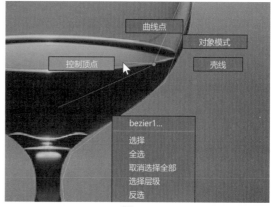

图2-31

09 框选曲线上的所有顶点，按住Shift键，右击并在弹出的命令中执行"Bezier角点"命令，如图2-32所示。

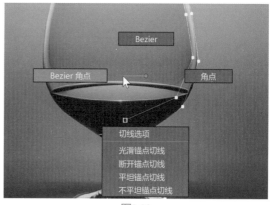

图2-32

10 将选择的顶点模式更改为"Bezier角点"后，可以看到现在曲线上的每个顶点都具有了对应的手柄，如图2-33所示。

图2-33

11 通过更改手柄的位置来不断调整曲线的形态至图2-34所示，制作出较为平滑的曲线效果。

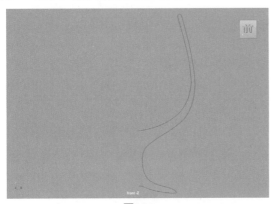

图2-34

12 选择场景中绘制完成的曲线，单击"曲面"工具架上的"旋转"图标，如图2-35所示，则可以将曲线转换为曲面模型，如图2-36所示。

图2-35

图2-36

13 在默认状态下，当前的曲面模型效果显示为黑色，执行"曲面"|"反转方向"命令，如图2-37所示，更改曲面模型的面方向，这样就可以得到正确的曲面模型显示效果，如图2-38所示。

图2-37

图2-38

14 本实例的最终模型效果如图2-39所示。

图2-39

2.2.4　实例：制作曲别针模型

本实例主要讲解如何使用"曲线"工具架上的"Bezier曲线工具"制作一个飞机形状的曲别针模型。图2-40所示为本实例的最终完成效果。

01 启动中文版Maya 2025软件，按住空格键，单击Maya按钮，在弹出的命令中选择"前视图"，如图2-41所示，即可将当前的"透视视图"切换至"前视图"，如图2-42所示。

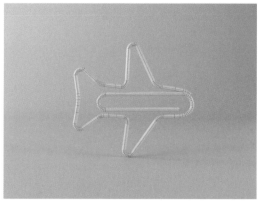

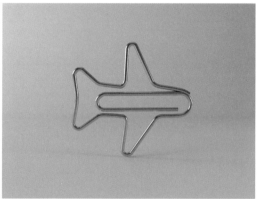

图2-40

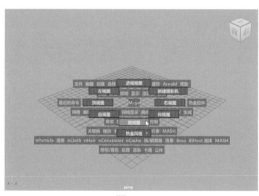

图2-41

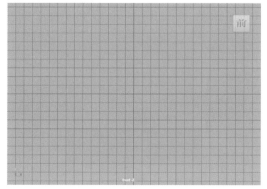

图2-42

"创建"按钮,如图2-43所示,即可在场景中添加一个图像平面,如图2-44所示。

图2-43

图2-44

03 在"图像平面属性"卷展栏中,为"图像名称"添加一张"曲别针.jpg"文件,如图2-45所示。这样,即可将图像导入Maya软件中作为建模的参考图使用,如图2-46所示。

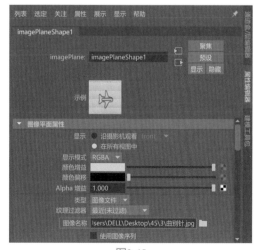

图2-45

02 在"大纲视图"面板中,选择名称为front的摄影机,在"环境"卷展栏中,单击"图像平面"后面的

04 在"曲线"工具架上单击"Bezier曲线工具"图标,如图2-47所示。

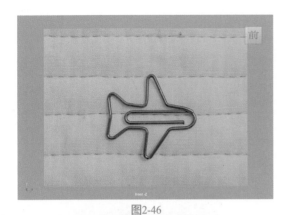

图2-46

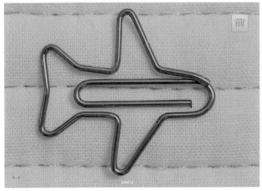

图2-47

05 在"前视图"中根据导入的参考图绘制出曲别针的形状，如图2-48所示。

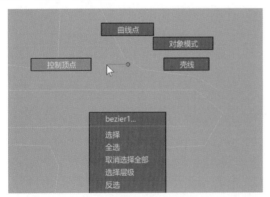

图2-48

06 选择绘制完成的曲线，右击并在弹出的命令中执行"控制顶点"命令，如图2-49所示，进入Bezier曲线的"顶点"子层级。

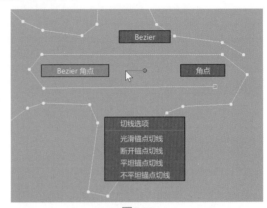

图2-49

07 框选曲线上的所有顶点，按住Shift键，右击并在弹出的命令中执行"Bezier角点"命令，如图2-50所示。

08 将选择的顶点模式更改为"Bezier角点"后，可

以看到现在曲线上的每个顶点都具有了对应的手柄，如图2-51所示。

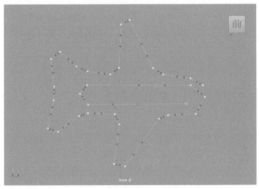

图2-50

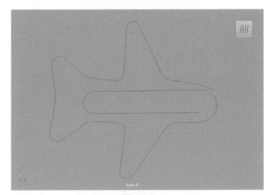

图2-51

09 通过更改手柄的位置来不断调整曲线的形态至图2-52所示，制作出较为平滑的曲线效果。

图2-52

10 选择曲线，单击"多边形建模"工具架中的"扫描网格"图标，如图2-53所示。

图2-53

11 在"扫描剖面"卷展栏中，单击"多边形"按钮，勾选"封口"复选框；在"变换"卷展栏中，设置"缩放剖面"为0.3；在"插值"卷展栏中，设

置"模式"为"EP到EP"、"步数"为8，勾选"优化"复选框，如图2-54所示。

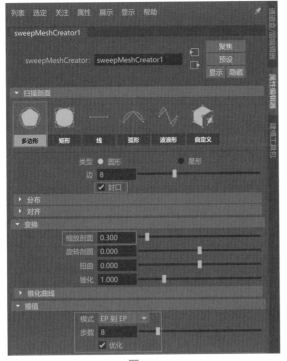

图2-54

12 本实例的最终模型效果如图2-55所示。

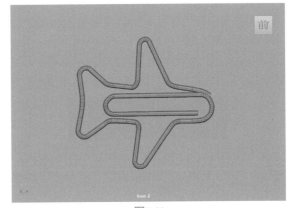

图2-55

2.3 曲面工具

中文版Maya 2025提供了多种基本几何形体的曲面工具为用户选择使用，一些常用的和曲面有关的工具可以在"曲面"工具架上找到，如图2-56所示。

图2-56

工具解析

- ⬤NURBS球体：创建NURBS球体。
- ⬢NURBS立方体：创建一个由6个面组成的长方体组合。
- ⬤NURBS圆柱体：创建NURBS圆柱体。
- ▲NURBS圆锥体：创建NURBS圆锥体。
- ◆NURBS平面：创建NURBS平面。
- ⬤NURBS圆环：创建NURBS圆环。
- ⬤旋转：以旋转的方式根据所选择的曲线来生成曲面模型。
- ⬤放样：以放样的方式根据所选择的曲线来生成曲面模型。
- ⬤平面：根据所选择的曲线来生成平面曲面模型。
- ⬤挤出：以挤出的方式根据所选择的曲线来生成曲面模型。
- ⬤双轨成形1工具：根据两条轨道线和剖面曲线来创建曲面模型。
- ⬤倒角+：对曲面模型进行倒角操作。

- ⬤在曲面上投影曲线：在曲面模型上投影曲线。
- ⬤曲面相交：根据两个相交的曲面模型生成曲线。
- ⬤修剪工具：根据曲面上的曲线对曲面进行修剪。
- ⬤取消修剪曲面：用于取消修剪曲面操作。
- ⬤附加曲面：将两个曲面模型附加为一个曲面模型。
- ⬤分离曲面：根据等参线的位置将曲面模型断开。
- ⬤开放/闭合曲面：对所选择的曲面模型进行开放/闭合操作。
- ⬤插入等参线：对所选择的曲面模型插入等参线。
- ⬤延伸曲面：延伸所选择的曲面模型。
- ⬤重建曲面：重建所选择的曲面模型。
- ⬤雕刻几何体工具：使用雕刻的方式来编辑曲面模型。
- ⬤曲面编辑工具：使用操纵器来编辑所选择的曲面模型。

2.3.1 基础知识：创建及修改曲面模型

本实例主要讲解如何创建曲面模型、父子关系、组以及修改曲面模型。

01 启动中文版Maya 2025软件，单击"曲面"工具架上的"NURBS立方体"图标，如图2-57所示。

图2-57

02 在场景中创建一个长方体曲面模型，如图2-58所示。

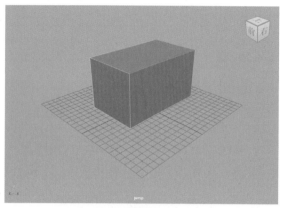

图2-58

03 在"大纲视图"面板中观察场景中的对象名称，可以看到长方体曲面模型实际上是由6个曲面模型构成的一个组合，如图2-59所示。

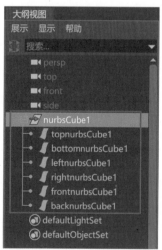

图2-59

04 选择构成这个长方体模型的任何一个曲面，如图2-60所示。

05 在"立方体历史"卷展栏中，可以通过更改"宽度""长度比"和"高度比"的值来调整长方体曲面模型的大小，如图2-61所示。

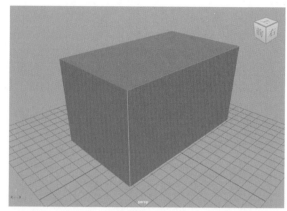

图2-60

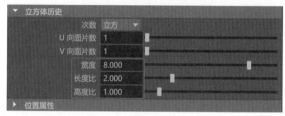

图2-61

06 单击"曲面"工具架上的"NURBS圆柱体"图标，如图2-62所示。

图2-62

07 在场景中创建一个圆柱体曲面模型，如图2-63所示。

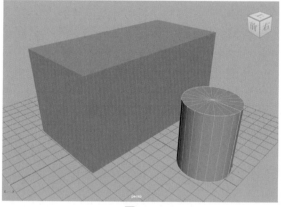

图2-63

08 在"大纲视图"面板中，观察场景中的对象名称，可以看到圆柱体曲面模型实际上是由3个曲面模型建立而成的父子关系，如图2-64所示。

09 选择构成这个圆柱体曲面模型的任何一个曲面，在"圆柱体历史"卷展栏中，我们可以通过更改其中的参数来控制圆柱体曲面模型的大小及分段数，如图2-65所示。

图2-64

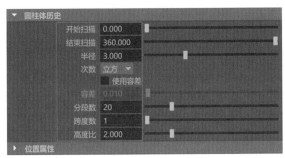

图2-65

2.3.2 实例：制作葫芦模型

本实例主要讲解如何使用"曲面"工具架上的"附加曲面"工具制作一个葫芦摆件的曲面模型。图2-66所示为本实例的最终完成效果。

01 启动中文版Maya 2025软件，单击"曲面"工具架上的"NURBS球体"图标，如图2-67所示。

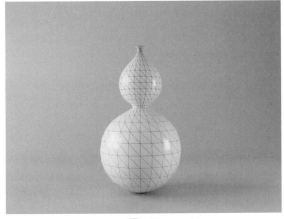

图2-66

图2-66（续）

图2-67

02 在场景中创建出一个球体曲面模型，如图2-68所示。

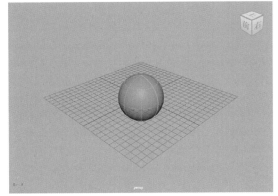

图2-68

03 选择球体模型，按Ctrl+D快捷键，原地复制出一个新的球体模型，并调整其位置和大小至图2-69所示。

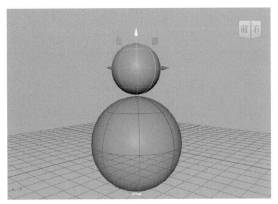

图2-69

04 单击"曲面"工具架上的"NURBS圆柱体"图标，如图2-70所示。

图2-70

05 在场景中任意位置处创建一个圆柱体曲面模型，如图2-71所示。

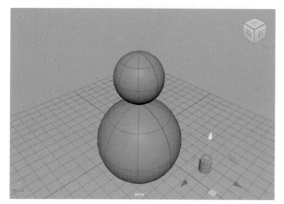

图2-71

06 选择圆柱体的模型，按Shift键，加选场景中的球体模型，执行"修改"|"对齐工具"命令，如图2-72所示。

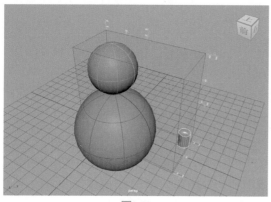

图2-72

07 将这两个模型的X轴和Z轴分别进行对齐后，再使用"移动工具"调整圆柱体模型Y轴的位置至图2-73所示。

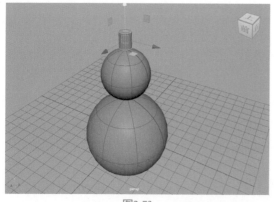

图2-73

08 在"圆柱体历史"卷展栏中，设置"分段数"为8，如图2-74所示。使得圆柱体模型的布线效果与下方的球体模型相一致，如图2-75所示。

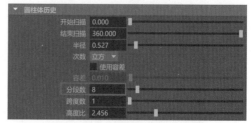

图2-74

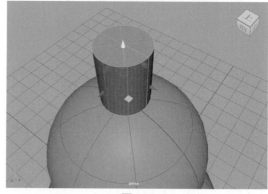

图2-75

09 选择场景中的两个球体模型，如图2-76所示。

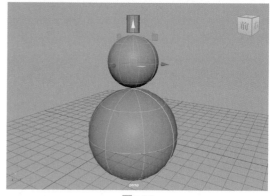

图2-76

10 单击"曲面"工具架上的"附加曲面"图标，如图2-77所示。制作出葫芦的基本形体，如图2-78所示。

11 选择圆柱体模型的顶面和葫芦形状的曲面，如图2-79所示。

12 再次单击"附加曲面"图标，即可得到葫芦的完整模型，如图2-80所示。

13 选择葫芦模型，右击并在弹出的命令中执行"等参线"命令，如图2-81所示。

图2-77

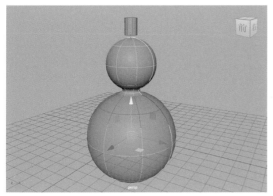

图2-78

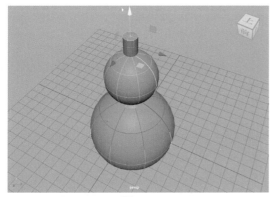

图2-79

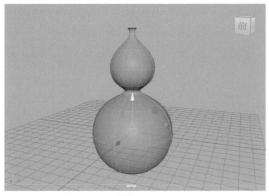

图2-80

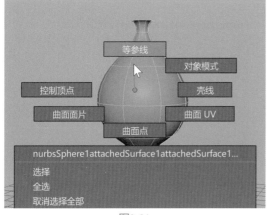

图2-81

14 选择如图2-82所示的边线，单击"曲面"工具架上的"平面"图标，如图2-83所示，即可为葫芦模型执行封口操作，如图2-84所示。

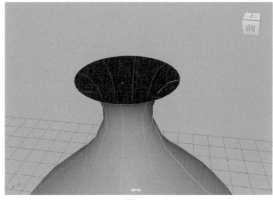

图2-82

图2-83

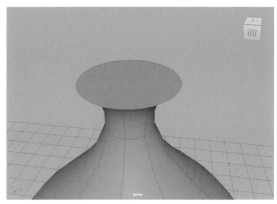

图2-84

15 本实例的最终模型效果如图2-85所示。

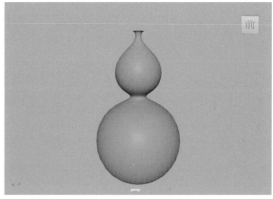

图2-85

2.3.3 实例：制作花瓶模型

本实例主要讲解如何使用"曲面"工具架上的"旋转工具"制作一个花瓶的模型，模型的渲染效果如图2-86所示。

01 启动中文版Maya 2025软件，参考上一实例的操作步骤将"AI花瓶.png"参考图导入场景中，如图2-87所示。

技巧与提示：本例中所使用的花瓶参考图为使用AI绘画软件Stable Diffusion进行绘制的，读者也可以参考如图2-88所示的提示词来进行绘制。

图2-86（续）

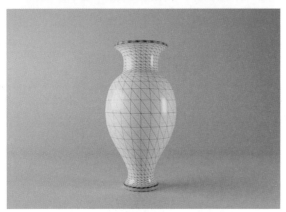

图2-86

图2-87

图2-88

02 单击"曲线"工具架上的"EP曲线工具"图标，如图2-89所示。

图2-89

03 在"前视图"中绘制出花瓶的侧面图形。绘制曲线的转折处时，应多绘制几个点以便将来修改图形，如图2-90所示。

图2-90

04 使用"EP曲线工具"实际上是很难一次绘制完成一条符合我们要求的曲线的，虽然我们在初次绘制曲线时已经很小心了，但是曲线还是会出现一些问题，这就需要我们在接下来的步骤中学习修改曲线。

05 右击并在弹出的命令中执行"控制顶点"命令，如图2-91所示。

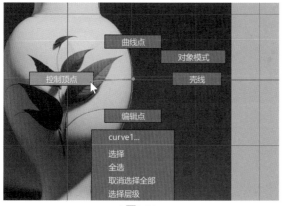

图2-91

06 通过调整曲线的控制顶点位置仔细修改曲线的形态，当我们选择了一个控制顶点时，可以看到该顶点所影响的边呈白色显示状态，如图2-92所示。

07 修改完成后，右击，在弹出的命令中执行"对象模式"命令，完成曲线的编辑，如图2-93所示。

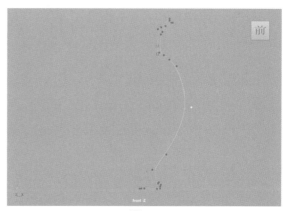

图2-92

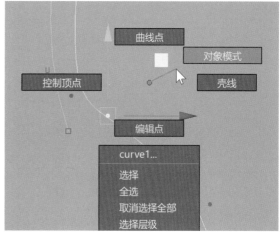

图2-93

08 曲线绘制完成后的视图显示效果如图2-94所示。

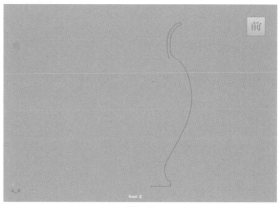

图2-94

09 选择场景中绘制完成的曲线，单击"曲面"工具架上的"旋转"图标，如图2-95所示，即可在场景中看到曲线经过"旋转"命令而得到的曲面模型，如图2-96所示。

图2-95

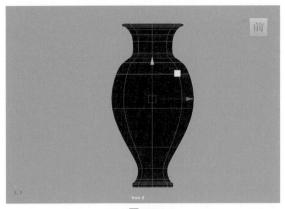

图2-96

10 在默认状态下，当前的曲面模型效果显示为黑色，可以执行"曲面"|"反转方向"命令来更改曲面模型的面方向，这样就可以得到正确的曲面模型显示效果，如图2-97所示。

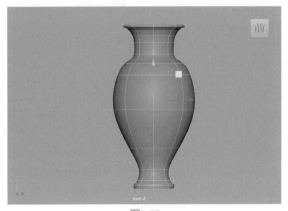

图2-97

11 本实例的最终模型效果如图2-98所示。

图2-98

第3章

多边形建模

3.1
多边形建模概述

多边形由顶点和连接它们的边来定义，多边形的内部区域则称为面，这些要素的命令编辑就构成了多边形建模技术。多边形建模是当前非常流行的一种建模方式，用户通过对多边形的顶点、边以及面进行编辑可以得到精美的三维模型，这项技术被广泛应用于电影、游戏、虚拟现实等动画模型的开发制作。图3-1和图3-2所示为使用多边形建模技术制作完成的三维模型。

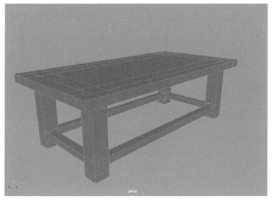

图3-1

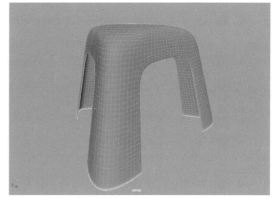

图3-2

多边形建模技术与曲面建模技术差异明显。曲面模型有严格的UV走向，编辑起来略微麻烦一些。多边形模型由于是三维空间里的多个顶点相互连接而成的一种立体拓扑结构，所以编辑起来非常自由。中文版Maya 2025软件的多边形建模技术已经发展得相当成熟，通过使用"建模工具包"面板，用户可以非常方便地利用这些多边形编辑命令快速完成模型的制作。

3.2
创建多边形对象

中文版Maya 2025为用户提供了多种多边形基本几何体工具，在"多边形建模"工具架上可以找到这些图标，如图3-3所示。

图3-3

工具解析

- 多边形球体：用于创建多边形球体。
- 多边形立方体：用于创建多边形立方体。

- 多边形圆柱体：用于创建多边形圆柱体。
- 多边形圆锥体：用于创建多边形圆锥体。
- 多边形圆环：用于创建多边形圆环。
- 多边形平面：用于创建多边形平面。

- 多边形圆盘：用于创建多边形圆盘。
- 柏拉图多面体：用于创建柏拉图多面体。
- 超形状：用于创建多边形超形状。
- 扫描网格：基于曲线生成扫描网格形态。
- 多边形类型：用于创建多边形文字模型。
- SVG：使用剪贴板中的可扩展向量图形或导入的SVG文件来创建多边形模型。
- 内容浏览器：打开"内容浏览器"面板。
- 中心枢轴：将选定对象的坐标轴重置到中心。
- 按类型删除历史：删除选定对象上的构建历史。
- 冻结变换：将选定对象的平移和旋转属性值归零。
- 差集（A-B）：使用第一个对象减去第二个对象。
- 结合：将选择的多个多边形对象组合到一个多边形网格中。
- 提取：从多边形网格中分离出所选择的面。
- 镜像：沿对称轴镜像选择的多边形网格。
- 平滑：对多边形网格进行平滑处理。
- 减少：减少所选择的多边形网格组件数量。
- 重新划分网格：通过分割边来重新定义网格的拓扑结构。
- 重新拓扑：保留选择网格的曲面特征生成新的拓扑结构。
- 挤出：从选择的边/面挤出新的边/面结构。
- 智能挤出：增强的挤出功能，Maya 2025新增功能。
- 桥接：在选定的成对边/面之间构造出多边形网格。
- 倒角：沿选择的边/面创建倒角形态。
- 合并：将选择的顶点/边合并为一个对象。
- 合并到中心：将选定的组件合并到中心点。
- 翻转三角形边：翻转两个三角形之间的边。
- 复制：将选择的面复制为新对象。
- 收拢：通过合并相邻的顶点来移除选定组件。
- 圆形圆角：将选择的顶点变形为与网格曲面对齐的圆。
- 多切割工具：可以在多边形网格上进行切割操作。

- 目标焊接工具：将两个边/顶点合并为一个对象。
- 四边形绘制工具：在激活对象上放置点以创建新的面。

此外，还可以按住Shift键，右击，在弹出的快捷菜单中找到创建多边形对象的相关命令，如图3-4所示。

图3-4

更多的关于创建多边形的命令可以在"创建"|"多边形基本体"菜单中找到，如图3-5所示。

图3-5

3.2.1　基础知识：使用 Stable Diffusion 绘制场景参考图

本例主要演示在Stable Diffusion中使用文生图绘制AI参考图的操作方法。

01 在"模型"选项卡中，单击"DreamShaper"模型，如图3-6所示，将其设置为"Stable Diffusion模型"。

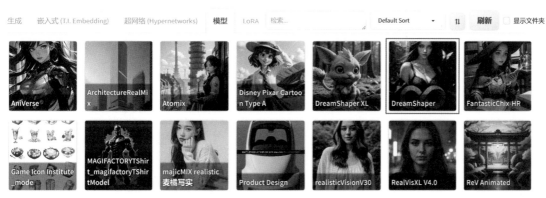

图3-6

02 在"文生图"选项卡中输入中文提示词："中国古代建筑，街道，树，花，山脉，蓝天，云"后，按Enter键则可以生成对应的英文："ancient chinese architecture,street,tree,flower,mountain,blue_sky,cloud,"，如图3-7所示。

图3-7

03 在"反向词"文本框内输入："正常质量，低分辨率，低质量，最差质量"，按Enter键，即可将其翻译为英文："normal quality,lowres,low quality,worstquality,"，并提高这些反向提示词的权重，如图3-8所示。

图3-8

04 在"生成"选项卡中，设置"迭代步数（Steps）"为35、"宽度"为768、"高度"为512、"总批次数"为2，如图3-9所示。

05 在"高分辨率修复（Hires.fix）"卷展栏中，设置"高分迭代步数"为20、"重绘幅度"为0.5，如图3-10所示。

06 单击"生成"按钮，绘制出来的场景参考图效果如图3-11所示。

图3-9

图3-10

图3-11

3.2.2 基础知识：创建及修改多边形对象

本例主要演示创建多边形对象、修改多边形对象、删除历史的操作方法。

01 启动中文版Maya 2025软件，单击"多边形建模"工具架上的"多边形立方体"图标，如图3-12所示。

图3-12

02 在场景中创建一个长方体模型，如图3-13所示。

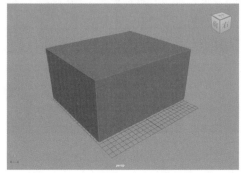

图3-13

03 在"多边形立方体历史"卷展栏中，设置"宽度"为20、"高度"为12、"深度"为24、"细分宽度"为3、"高度细分数"为1、"深度细分数"为5，如图3-14所示。

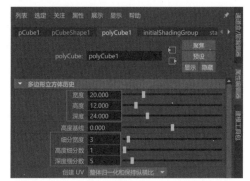

图3-14

04 设置完成后，长方体模型的视图显示效果如图3-15所示。

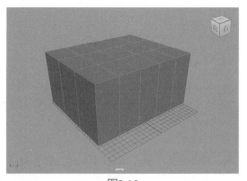

图3-15

05 选择如图3-16所示的边线，使用"缩放工具"调整其位置至图3-17所示。

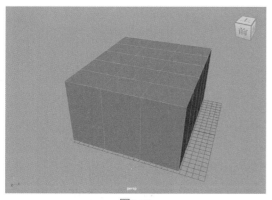

图3-16

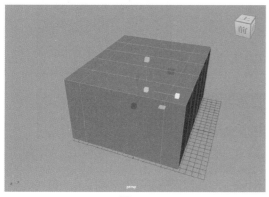

图3-17

06 选择如图3-18所示的面，使用"智能挤出工具"制作出如图3-19所示的模型效果。

技巧与提示：本实例中所使用到的"智能挤出工具"为Maya 2025版本新增功能。

07 选择如图3-20所示的面，使用"智能挤出工具"制作出如图3-21所示的模型效果。

08 重复以上操作步骤，即可制作出一个台阶模型，如图3-22所示。

09 在"通道盒/层编辑器"选项卡中的"输入"组内可以查看制作台阶模型时所用到操作命令，如图3-23所示。

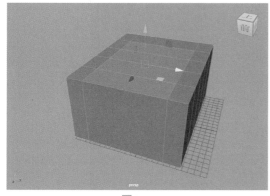

图3-18

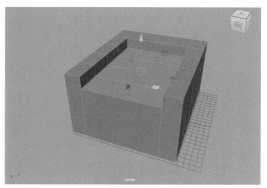

图3-19

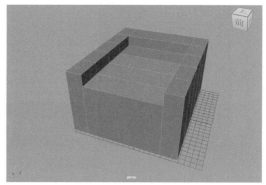

图3-20

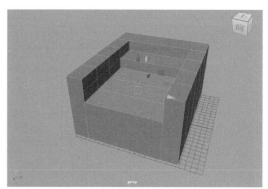

图3-21

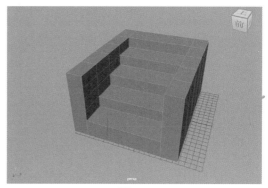

图3-22

10 单击"多边形建模"工具架上的"按类型删除：历史"图标，如图3-24所示，可以删除模型的建模历史。

11 再次观察"通道盒/层编辑器"面板，可以看到球体模型"输入"组内的命令全部被清空了，如图 3-25所示。

图3-23

图3-24

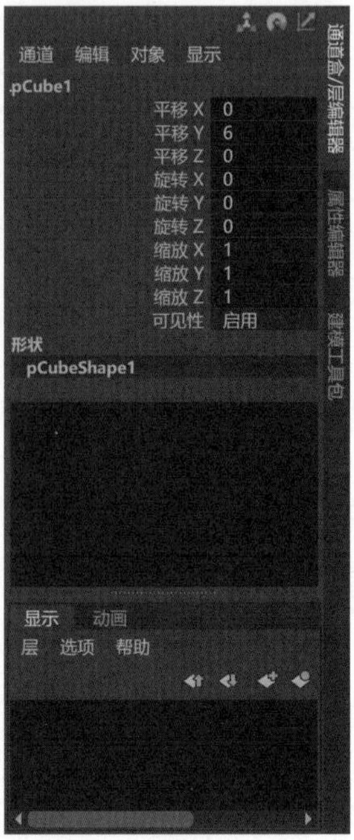

图3-25

3.3
建模工具包

"建模工具包"是Maya为模型师提供的一个用于快速查找建模命令的工具集合，通过单击"状态行"中的"显示或隐藏建模工具包"按钮，如图3-26所示，可以找到"建模工具包"面板，如图3-27所示。

图3-26

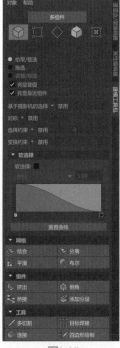

图3-27

工具解析

- 对象选择：选择场景中的模型。
- 顶点选择：选择模型的顶点。
- 边选择：选择模型的边。
- 面选择：选择模型的面。
- UV选择：选择模型的UV。
- 拾取/框选：在要选择的组件上绘制一个矩形框来选择对象。
- 拖选：在多边形对象上通过按住鼠标左键的方式来进行选择。
- 调整/框选：可用于调整组件进行框选。
- 亮显背面：启用时，背面组件将被预先选择亮显并可供选择。
- 亮显最近组件：启用时，亮显距光标最近的组件，然后用户可以选择它。
- 基于摄影机的选择：启动该命令后，可以根据摄影机的角度来选择对象组件。
- 对称：启用该命令后，可以以"对象X/Y/Z"及"世界X/Y/Z"的方式来对称选择对象组件。

（1）"软选择"卷展栏

软选择：启用"软选择"后，选择周围的衰减区域将获得基于衰减曲线的加权变换。如果此选项处于启用状态，并且未选择任何内容，将光标移动到多边形组件上会显示软选择预览，如图 3-28所示。

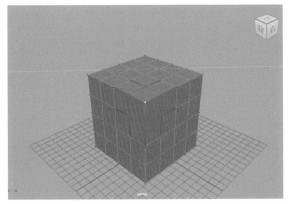

图3-28

"重置曲线"按钮：单击以重置软选择曲线。

（2）"网格"卷展栏

"结合"按钮：将选定的多个多边形对象组合成单个多边形对象。

"分离"按钮：将多边形对象分离为单独的个体。

"平滑"按钮：通过为多边形对象添加分段来使其达到平滑效果，如图3-29所示。

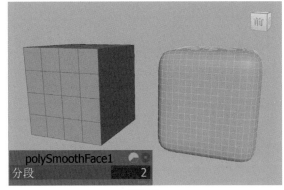

图3-29

"布尔"按钮：对所选择的对象执行布尔运算以得到模型相减或相加的效果，如图3-30所示。

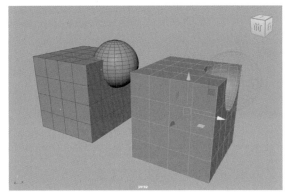

图3-30

（3）"组件"卷展栏

"挤出"按钮：可以从现有面、边或顶点挤出新的多边形，如图3-31所示。

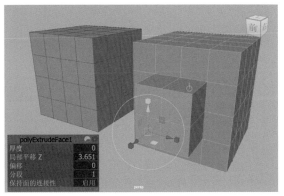

图3-31

"倒角"按钮：可以对多边形对象的顶点进行切角处理以形成倒角效果，如图3-32所示。

"桥接"按钮：可用于在现有多边形对象上的两组面或边之间创建桥接，如图3-33所示。

"添加分段"按钮：对选定的面进行细化，如图3-34所示。

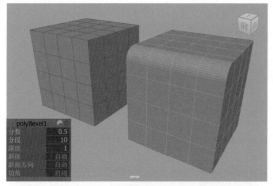

图3-32

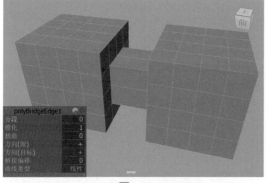

图3-33

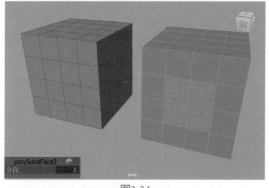

图3-34

（4）"工具"卷展栏

"多切割"按钮：使用该工具可以对面进行切割，如图3-35所示。

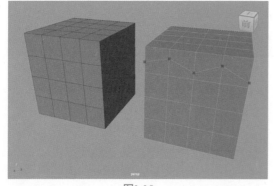

图3-35

"目标焊接"按钮：合并顶点或边以在它们之间创建共享顶点或边，如图3-36所示。

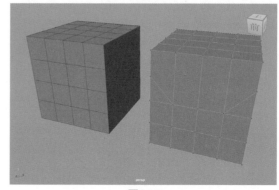

图3-36

"连接"按钮：可以在选择的边之间进行连线，如图3-37所示。

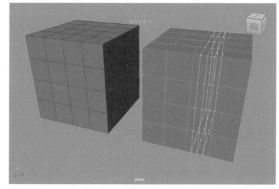

图3-37

"四边形绘制"按钮：使用该工具可以对模型的组件位置进行更改来改善模型效果。

3.3.1 实例：制作低面数古建筑模型

本实例主要讲解如何使用多边形建模技术制作一栋古代风格的低面数建筑模型，模型的渲染效果如图3-38所示。

图3-38

图3-38（续）

01 启动中文版Maya 2025软件，单击"多边形建模"工具架上的"多边形立方体"图标，如图3-39所示，在场景中创建一个长方体。

图3-39

02 在"多边形立方体历史"卷展栏中，设置"宽度"为20、"高度"为1、"深度"为20，如图3-40所示。

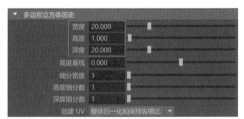

图3-40

03 在"通道盒/层编辑器"选项卡中，设置"平移X"为0、"平移Y"为0.5、"平移Z"为0，如图3-41所示。

图3-41

04 设置完成后，长方体模型的视图显示效果如图3-42所示。

05 再次在场景中创建一个长方体，在"多边形立方体历史"卷展栏中，设置"宽度"为12、"高度"为8、"深度"为16，如图3-43所示。

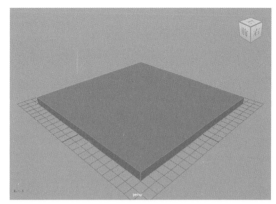

图3-42

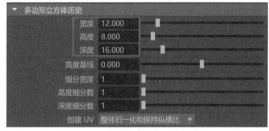

图3-43

06 在"通道盒/层编辑器"选项卡中，设置"平移X"为0、"平移Y"为5、"平移Z"为0，如图3-44所示。

图3-44

07 设置完成后，第二个长方体模型的视图显示效果如图3-45所示。

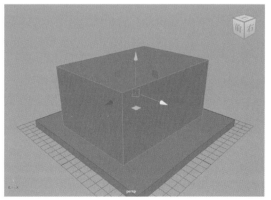

图3-45

08 按住Shift键，配合"移动工具"复制出一个长方体，并调整其大小至图3-46所示。

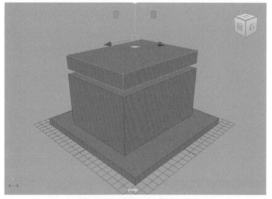

图3-46

09 选择如图3-47所示的面，使用"缩放工具"调整其大小至图3-48所示，制作出一楼的屋檐结构。

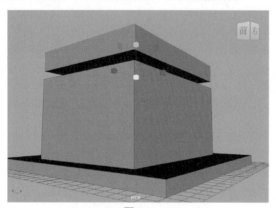

图3-47

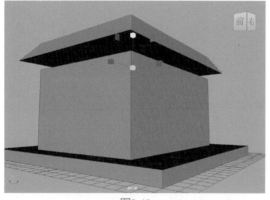

图3-48

10 调整一楼屋檐模型的位置至图3-49所示。

11 复制一个屋檐模型并调整其位置至图3-50所示。

12 选择如图3-51所示的面，使用"挤出工具"制作出如图3-52所示的模型效果。

13 再次在场景中创建一个长方体，在"多边形立方体历史"卷展栏中，设置"宽度"为0.5、"高度"为1、"深度"为16，如图3-53所示。

14 设置完成后，调整长方体模型的位置至图3-54所示，用来制作建筑的屋脊部分。

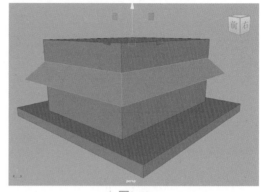

图3-49

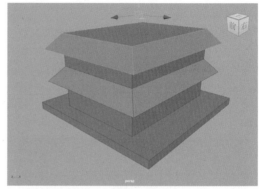

图3-50

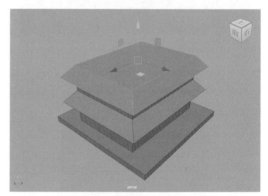

图3-51

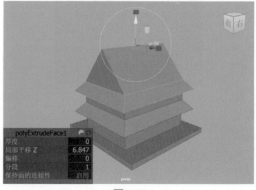

图3-52

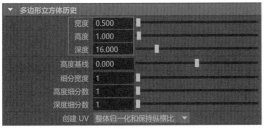

图3-53

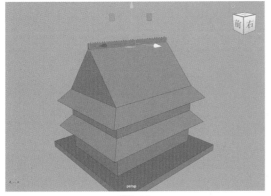

图3-54

15 使用"连接工具"为屋脊模型添加边线，如图3-55所示。

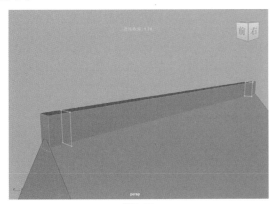

图3-55

16 选择如图3-56所示的面，使用"挤出工具"制作出如图3-57所示的模型效果。

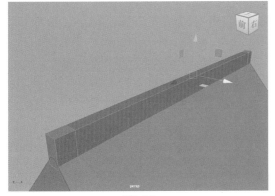

图3-56

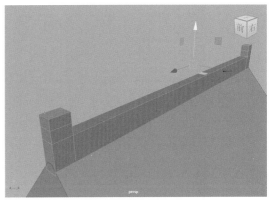

图3-57

17 调整屋脊模型的顶点位置至图3-58所示，完成屋顶正脊模型的制作。

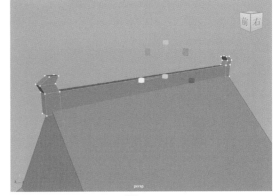

图3-58

18 选择如图3-59所示的边线，单击"修改"|"转化"|"多边形边到曲线"后面的方形按钮，如图3-60所示。

图3-59

19 在弹出的"多边形到曲线选项"面板中，设置"次数"为"1一次"后，单击"转化"按钮，如图3-61所示，即可根据所选择的边线创建一条曲线，如图3-62所示。

20 单击"多边形建模"工具架上的"扫描网格"图标，如图3-63所示。

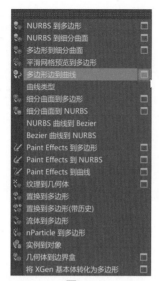

图3-60

图3-61

图3-62

图3-63

21 在"扫描剖面"卷展栏中，单击"矩形"按钮，设置"宽度"为0.5、"高度"为0.5、"角半径"为0、"角分段"为1，勾选"封口"复选框，如图3-64所示。

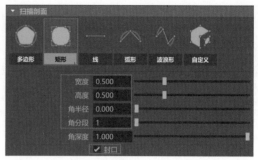

图3-64

22 制作完成后的屋顶垂脊模型效果如图3-65所示。

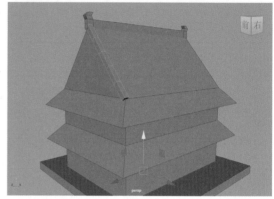

图3-65

23 使用同样的操作步骤制作出屋顶的其他垂脊结构及戗脊结构，如图3-66所示。

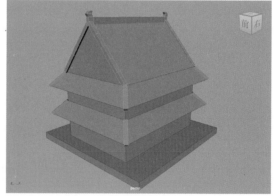

图3-66

24 单击"多边形建模"工具架上的"多边形圆柱体"图标，如图3-67所示，在场景中创建一个圆柱体。

图3-67

25 在"多边形圆柱体历史"卷展栏中，设置"半径"为0.2、"高度"为4、"轴向细分数"为8，如图3-68所示。

26 设置完成后，调整圆柱体的位置至图3-69所示。

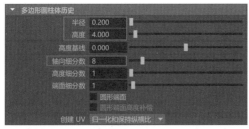

图3-68

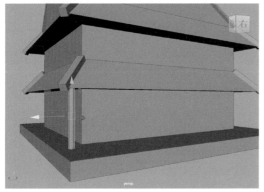

图3-69

27 对圆柱体进行多次复制，并调整位置至图3-70所示，制作出建筑一楼屋檐下的柱子结构。

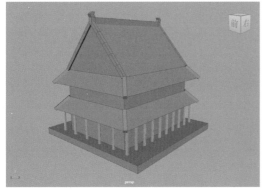

图3-70

28 单击"多边形建模"工具架上的"多边形立方体"图标，如图3-71所示，在场景中创建一个长方体。

图3-71

29 在"多边形立方体历史"卷展栏中，设置"宽度"为1、"高度"为0.6、"深度"为4、"高度细分数"为2，如图3-72所示。

30 在"通道盒/层编辑器"选项卡中，设置"平移X"为10.5、"平移Y"为0.3、"平移Z"为0，如图3-73所示。

31 设置完成后，长方体模型的视图显示效果如图3-74所示。

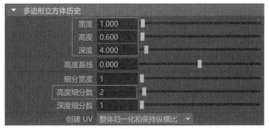

图3-72

图3-73

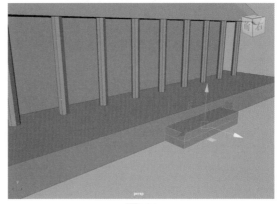

图3-74

32 选择如图3-75所示的面。使用"挤出工具"制作出如图3-76所示的模型效果，完成建筑前台阶的制作。

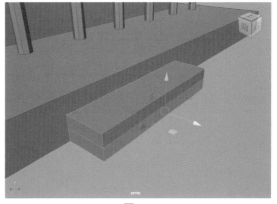

图3-75

45

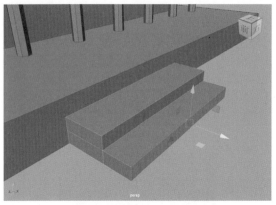

图3-76

33 本实例的最终模型效果如图3-77所示。

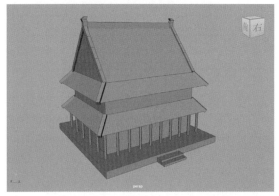

图3-77

技巧与提示：读者也可以在完成该实例的基础上，尝试继续细化该模型，制作出细节丰富的高精度建筑模型。

3.3.2 实例：制作低面数汽车模型

本实例主要讲解如何使用多边形建模技术制作一辆低面数汽车模型，模型的渲染效果如图3-78所示。

图3-78

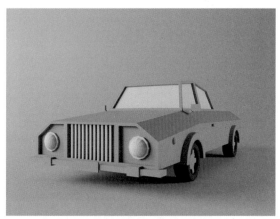

图3-78（续）

01 启动中文版Maya 2025软件，单击"多边形建模"工具架上的"多边形立方体"图标，如图3-79所示，在场景中创建一个长方体。

图3-79

02 在"多边形立方体历史"卷展栏中，设置"宽度"为9、"高度"为3、"深度"为24、"细分宽度"为7，如图3-80所示。

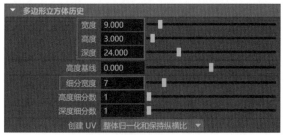

图3-80

03 在"通道盒/层编辑器"选项卡中，设置"平移X"为0、"平移Y"为1.5、"平移Z"为0，如图3-81所示。

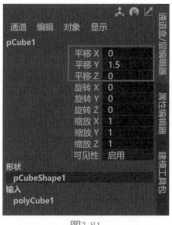

图3-81

04 设置完成后，长方体模型的视图显示效果如图3-82所示。

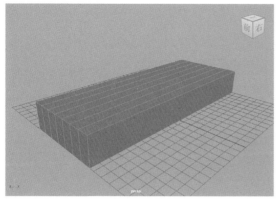

图3-82

05 选择如图3-83所示的边线，使用"移动工具"调整其位置至图3-84所示。

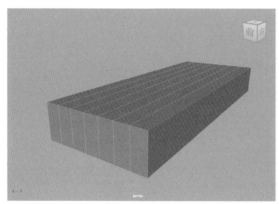

图3-83

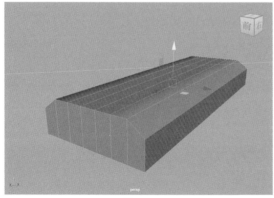

图3-84

06 使用"连接工具"为模型添加边线，如图3-85所示。

07 选择如图3-86所示的面，使用"挤出工具"制作出如图3-87所示的模型效果。

08 在"右视图"中，调整模型顶点的位置至图3-88所示，制作出汽车的大概形状。

09 在"透视视图"中继续调整模型的顶点位置至图3-89所示。

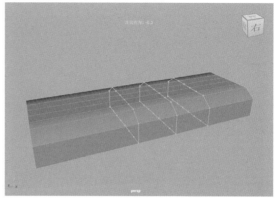

图3-85

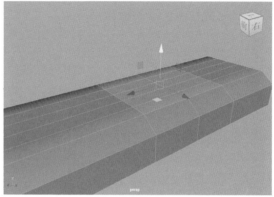

图3-86

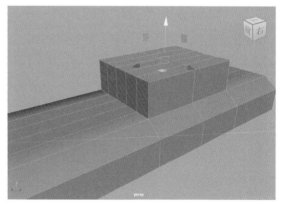

图3-87

图3-88

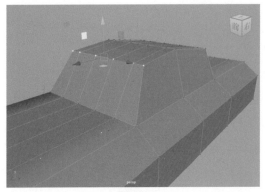

图3-89

10 选择如图3-90所示的面，使用"挤出工具"制作出如图3-91和图3-92所示的模型效果。

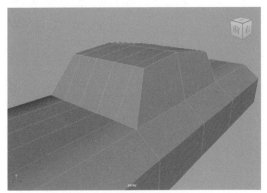

图3-90

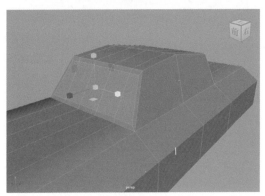

图3-91

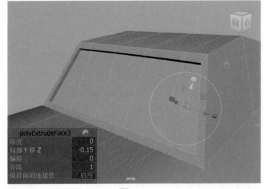

图3-92

11 使用同样的操作步骤制作出汽车侧面及后方的玻璃窗效果，如图3-93和图3-94所示。

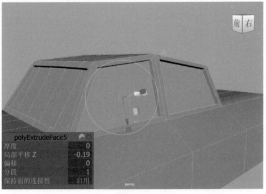

图3-93

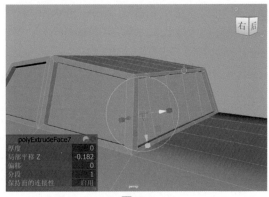

图3-94

12 选择如图3-95所示的面，使用"挤出工具"制作出如图3-96所示的模型效果。

13 选择如图3-97所示的面，使用"挤出工具"制作出如图3-98所示的模型效果。

14 在"透视视图"中，调整模型顶点的位置至图3-99所示，调整汽车前机盖的形状。

15 单击"多边形建模"工具架上的"多边形球体"图标，如图3-100所示，在"前视图"中创建一个球体，如图3-101所示。

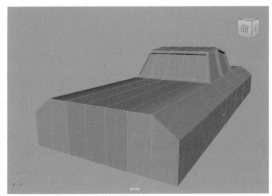

图3-95

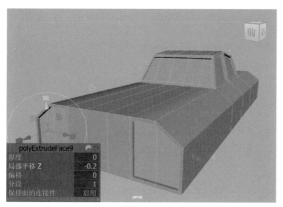

图3-96

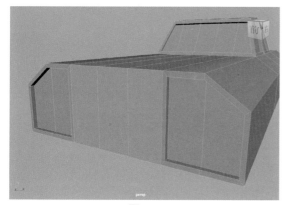

图3-97

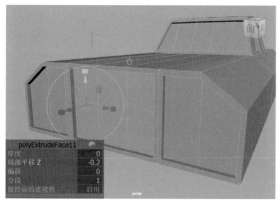

图3-98

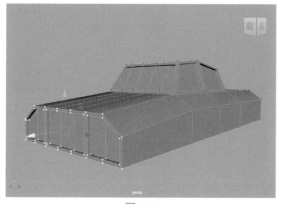

图3-99

图3-100

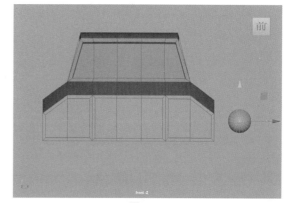

图3-101

16 在"多边形球体历史"卷展栏中，设置"半径"为0.5、"轴向细分数"为12、"高度细分数"为12，如图3-102所示。

图3-102

17 设置完成后，调整球体的位置至图3-103所示。

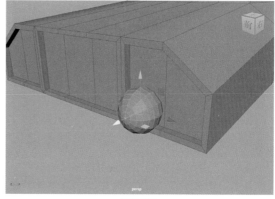

图3-103

18 选择如图3-104所示的面，将其删除，得到如图3-105所示的模型效果。

19 选择如图3-106所示的边线，使用"挤出工具"制作出如图3-107所示的模型效果。

20 选择如图3-108所示的面，使用"挤出工具"制作出如图3-109所示的模型效果。

21 使用"缩放工具"调整车大灯的形态，并调整模型的位置至图3-110所示。

22 执行"创建"|"多边形基本体"|"管道"命令，在"右视图"中创建一条管道，如图3-111所示。

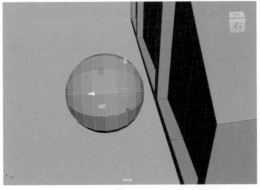

图3-104

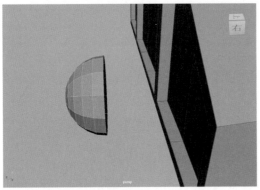

图3-105

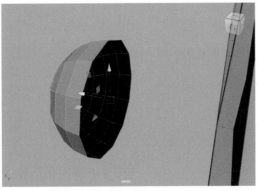

图3-106

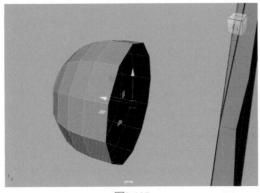

图3-107

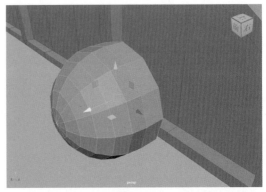

图3-108

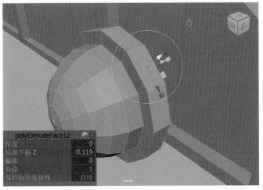

图3-109

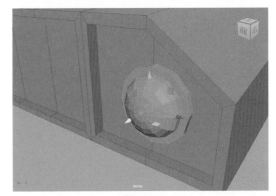

图3-110

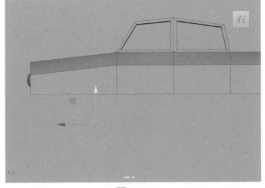

图3-111

23 在"多边形管道历史"卷展栏中，设置"半径"为1.8、"高度"为3、"厚度"为0.5，如图3-112所示。

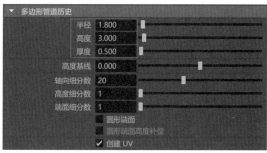

图3-112

24 设置完成后，调整管道的位置至图3-113所示。

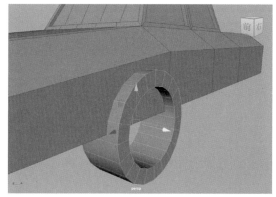

图3-113

25 选择如图3-114所示的边线，使用"倒角工具"制作出图3-115所示的模型效果。

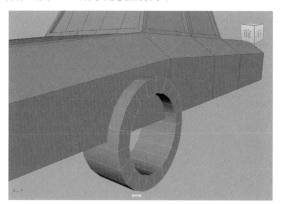

图3-114

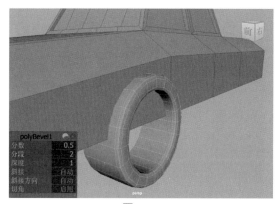

图3-115

26 选择如图3-116所示的面，将其删除，得到图3-117所示的模型效果。

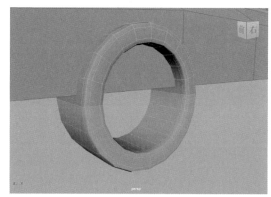

图3-116

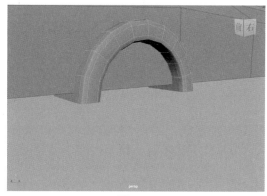

图3-117

27 在场景中再次创建一条管道，用来制作汽车的轮胎，如图3-118所示。

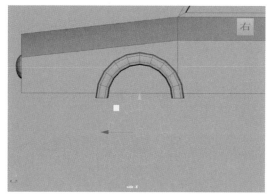

图3-118

28 在"多边形管道历史"卷展栏中，设置"半径"为1.2、"高度"为2、"厚度"为0.4，如图3-119所示。

29 设置完成后，调整管道的位置至图3-120所示。

30 选择如图3-121所示的边线，使用"倒角工具"制作出如图3-122所示的模型效果。

31 单击"多边形建模"工具架上的"多边形圆柱体"图标，如图3-123所示，在场景中创建一个圆柱体。

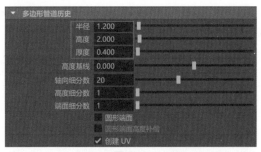

图3-119

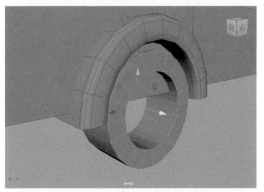

图3-120

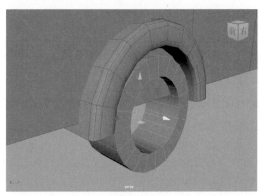

图3-121

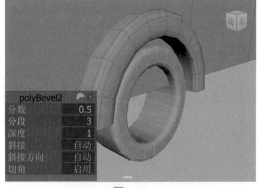

图3-122

图3-123

32 在"多边形圆柱历史"卷展栏中，设置"半径"为

0.5、"高度"为0.4、"轴向细分数"为10，如图3-124所示。

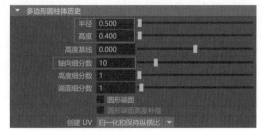

图3-124

33 设置完成后，调整圆柱体的位置至图3-125所示。

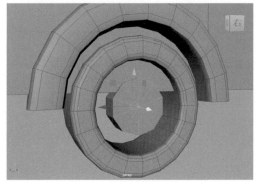

图3-125

34 选择如图3-126所示的面，使用"挤出工具"制作出如图3-127所示的模型效果，完成车轮模型的制作。

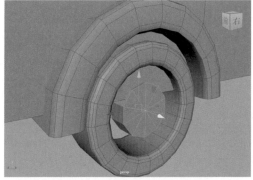

图3-126

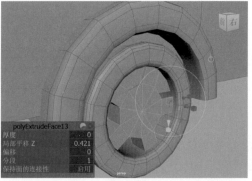

图3-127

35 在场景中创建一个长方体模型，用来制作车前的

保险杠部分。在"多边形立方体历史"卷展栏中，设置"宽度"为9、"高度"为0.3、"深度"为0.3，如图3-128所示。

36 设置完成后，调整长方体的位置至图3-129所示。

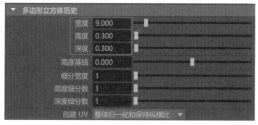

图3-128

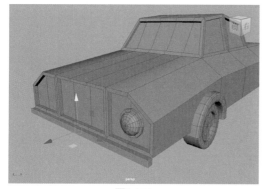

图3-129

37 选择如图3-130所示的面，使用"挤出工具"制作出如图3-131所示的模型效果。

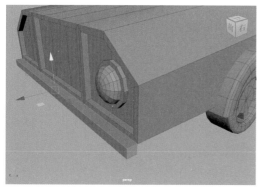

图3-130

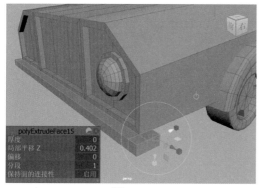

图3-131

38 在场景中创建多个长方体模型，制作出保险杠的细节、车牌、进气栅格、后视镜及车门把手，如图3-132所示。

图3-132

39 在场景中创建一个球体模型，用来制作车两侧的指示灯，如图3-133所示。

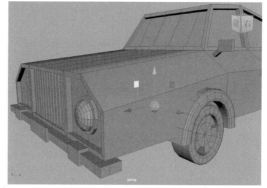

图3-133

40 对车轮模型进行复制并调整位置，完成汽车模型的制作，本实例的最终模型效果如图3-134所示。

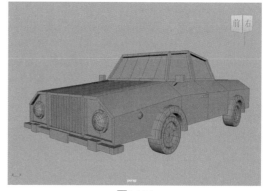

图3-134

3.3.3 实例：制作低面数松树模型

本实例主要讲解如何使用多边形建模技术制作一棵低面数松树模型，模型的渲染效果如图3-135所示。

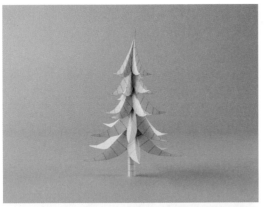

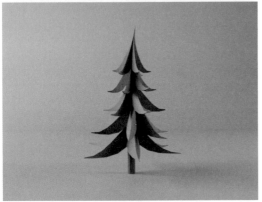

图3-135

01 启动中文版Maya 2025软件，单击"多边形建模"工具架上的"多边形圆柱体"图标，如图3-136所示，在场景中创建一个圆柱体。

图3-136

02 在"多边形圆柱体历史"卷展栏中，设置"半径"为1、"高度"为10、"轴向细分数"为3、"高度细分数"为8，如图3-137所示。

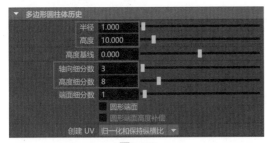

图3-137

03 在"通道盒/层编辑器"选项卡中，设置"平移X"为0、"平移Y"为0、"平移Z"为0，如图3-138所示。

04 设置完成后，圆柱体模型的视图显示效果如图3-139所示。

05 按B键，选择如图3-140所示的顶点，使用"缩放工具"制作出如图3-141所示的模型效果。

图3-138

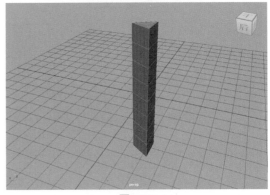

图3-139

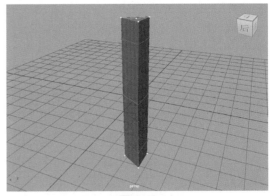

图3-140

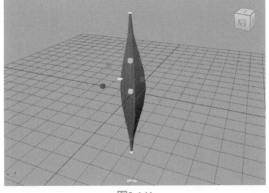

图3-141

06 选择圆柱体，单击"运动图形"工具架上的"弯曲"图标，如图3-142所示。

图3-142

07 在"非线性变形器属性"卷展栏中，设置"曲率"为50，如图3-143所示。

图3-143

08 设置完成后，圆柱体模型的视图显示效果如图3-144所示。

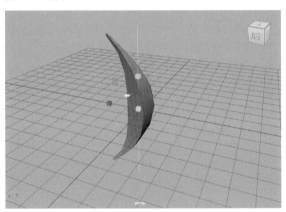

图3-144

09 选择圆柱体，单击"多边形建模"工具架上的"按类型删除：历史"图标，如图3-145所示。

图3-145

10 选择如图3-146所示的面，在"前视图"中调整其角度和位置至图3-147所示。

11 对模型进行多次复制，并调整旋转角度至图3-148所示，制作出松树的叶片。

12 选择场景中的所有模型，单击"多边形建模"工具架上的"结合"图标，如图3-149所示，将其合并为一个模型。

13 对松树叶片模型再次进行多次复制，并调整模型

的位置和大小至图3-150所示。

14 在场景中再次创建一个圆柱体模型，在"多边形圆柱体历史"卷展栏中，设置"半径"为0.5、"高度"为5、"轴向细分数"为12、"高度细分数"为6，如图3-151所示。

15 设置完成后，调整圆柱体的位置至图3-152所示，制作出松树的树干。

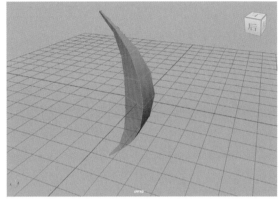

图3-146

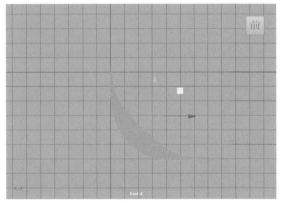

图3-147

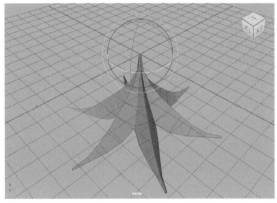

图3-148

图3-149

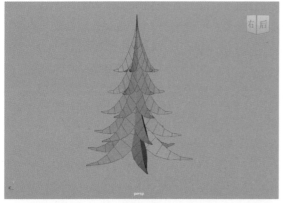

图3-150

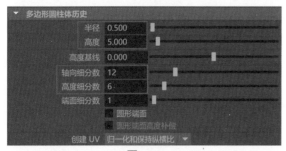

图3-151

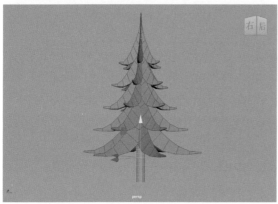

图3-152

🔟 将所有模型选中，使用"结合工具"合并为一个模型后，单击"曲线"工具架上的"EP曲线工具"图标，如图3-153所示。在"前视图"中绘制出一条曲线用来控制松树的形态，如图3-154所示。

🔢 先选择松树模型，再加选曲线，单击"运动图形"工具架上的"曲线扭曲"图标，如图3-155所示。

🔢 即可看到松树模型根据曲线的形态产生了扭曲的效果，如图3-156所示。

🔢 本实例的最终模型效果如图3-157所示。

图3-153

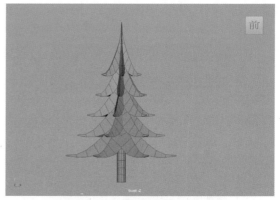

图3-154

图3-155

图3-156

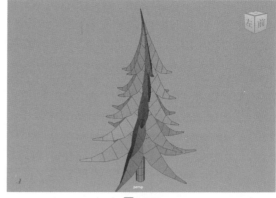

图3-157

3.3.4　实例：制作蒸笼模型

本实例主要讲解如何使用多边形建模技术制作一个蒸笼模型，模型的渲染效果如图3-158所示。

🔟 启动中文版Maya 2025软件，单击"多边形建模"工具架上的"多边形圆柱体"图标，如图3-159所示，在场景中创建一个圆柱体。

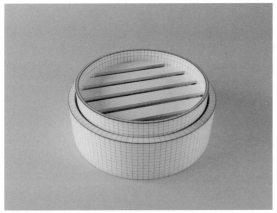

图3-158

图3-159

02 在"多边形圆柱体历史"卷展栏中,设置"半径"为5、"高度"为3、"轴向细分数"为24、"高度细分数"为3,如图3-160所示。

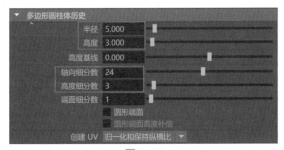

图3-160

03 在"通道盒/层编辑器"选项卡中,设置"平移X"为0、"平移Y"为1.5、"平移Z"为0,如图3-161所示。

04 设置完成后,圆柱体模型的视图显示效果如图3-162所示。

05 选择如图3-163所示的面,使用"挤出工具"制作出如图3-164所示的模型效果。

图3-161

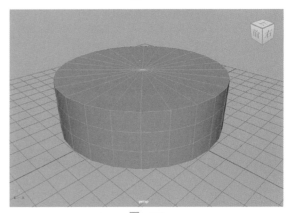

图3-162

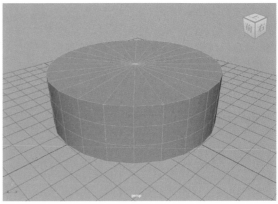

图3-163

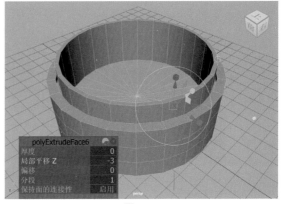

图3-164

06 选择如图3-165所示的边线，使用"倒角工具"制作出如图3-166所示的模型效果。

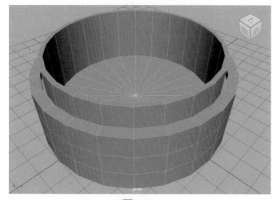

图3-165

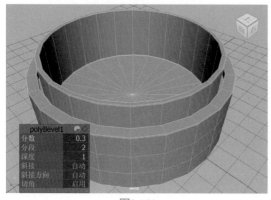

图3-166

07 设置完成后，按3键，蒸笼模型的视图显示效果如图3-167所示。

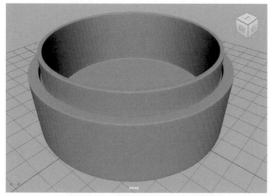

图3-167

08 单击"多边形建模"工具架上的"多边形立方体"图标，如图3-168所示，在场景中创建一个长方体。

图3-168

09 在"多边形立方体历史"卷展栏中，设置"宽度"为1、"高度"为0.2、"深度"为12，如图3-169所示。

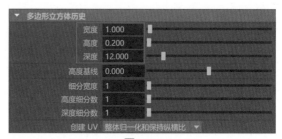

图3-169

10 设置完成后，将其移动至图3-170所示位置处。

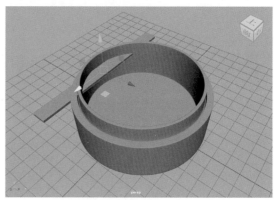

图3-170

11 对长方体模型进行复制，并调整其位置至图3-171所示。

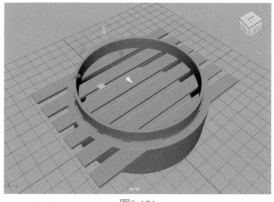

图3-171

12 将所有的长方体选中，单击"多边形建模"工具架上的"结合"图标，如图3-172所示，将其合并为一个模型。

图3-172

13 单击"多边形建模"工具架上的"按类型删除：历史"图标，如图3-173所示，删除所选模型的构建历史。

14 在"顶视图"中，调整长方体模型的顶点位置至图3-174所示。

图3-173

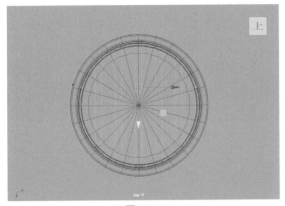

图3-174

15 本实例的最终模型效果如图3-175所示。

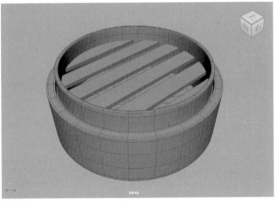

图3-175

3.3.5 实例：制作兔子馒头模型

本实例主要讲解如何使用多边形建模技术制作一个兔子造型的馒头模型，模型的渲染效果如图3-176所示。

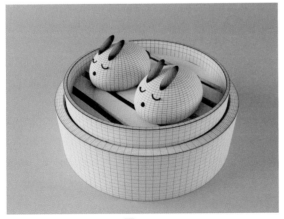

图3-176

图3-176（续）

01 启动中文版Maya 2025软件，单击"多边形建模"工具架上的"多边形球体"图标，如图3-177所示，在场景中创建一个球体。

图3-177

02 在"多边形球体历史"卷展栏中，设置"半径"为1、"轴向细分数"为12、"高度细分数"为12，如图3-178所示。

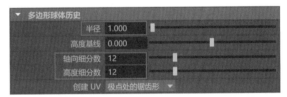

图3-178

03 在"通道盒/层编辑器"选项卡中，设置"平移X"为0、"平移Y"为0、"平移Z"为0，如图3-179所示。

图3-179

04 设置完成后，圆柱体模型的视图显示效果如图3-180所示。

05 在"软选择"卷展栏中，勾选"软选择"复选框，设定软选择衰减半径为1.5，如图3-181所示。

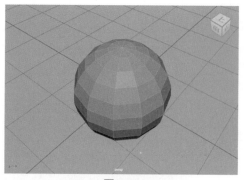

图3-180

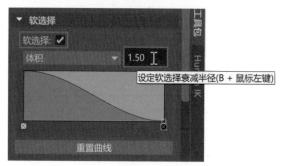

图3-181

06 选择如图3-182所示的顶点，调整其位置至图3-183所示。

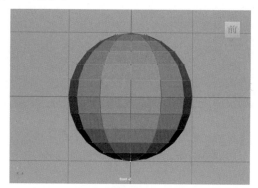

图3-182

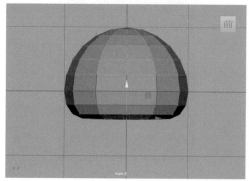

图3-183

07 退出"软选择"模式，在"顶视图"中使用"缩放工具"调整球体的形状至如图3-184所示。

08 在场景中再次创建一个球体模型，如图3-185所示。

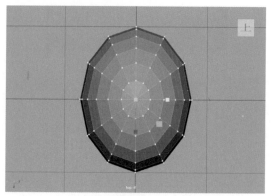

图3-184

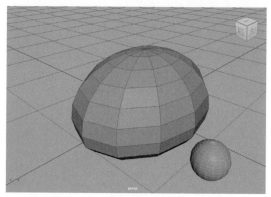

图3-185

09 使用"缩放工具"调整球体的形状，并将其摆放至图3-186所示位置处，用来制作兔子的耳朵部分。

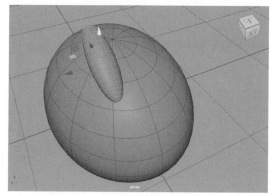

图3-186

10 单击"曲线"工具架上的"三点圆弧"图标，如图3-187所示，在场景中创建一段圆弧，如图3-188所示。

11 单击"多边形建模"工具架上的"扫描网格"图标，如图3-189所示。

12 在"扫描剖面"卷展栏中，单击"多边形"按钮，勾选"封口"复选框；在"变换"卷展栏中，设置"缩放剖面"为0.02；在"插值"卷展栏中，设置"模式"为"起点到终点"，如图3-190所示。

13 设置完成后，调整弧形的位置至图3-191所示，制作出兔子馒头的眼睛。

图3-187

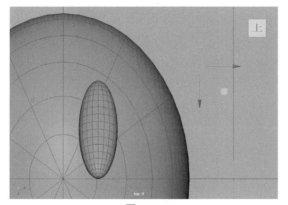

图3-188

图3-189

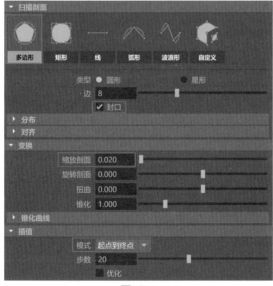

图3-190

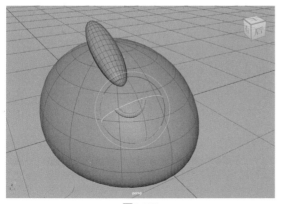

图3-191

14 选择耳朵和眼睛模型，单击"多边形建模"工具架上的"镜像"图标，如图3-192所示，制作出另一侧的身体结构，如图3-193所示。

图3-192

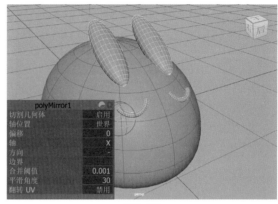

图3-193

15 在场景中创建多个球体模型，制作出兔子的鼻子和尾巴部分，如图3-194所示。

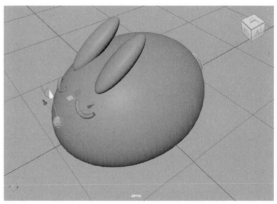

图3-194

16 将制作好的兔子馒头模型摆放至3.3.4节制作的蒸笼模型中，本实例的最终模型效果如图3-195所示。

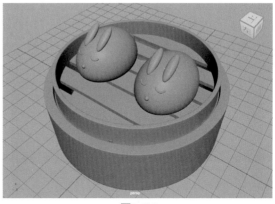

图3-195

3.3.6 实例：制作方瓶模型

本实例主要讲解如何使用多边形建模技术制作一个方形的瓶子模型，模型的渲染效果如图3-196所示。

图3-196

01 启动中文版Maya 2025软件，单击"多边形建模"工具架上的"多边形立方体"图标，如图3-197所示，在场景中创建一个长方体模型。

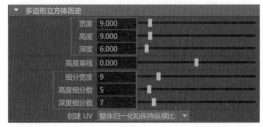

图3-197

02 在"多边形立方体历史"卷展栏中，设置"宽度"为9、"高度"为9、"深度"为6、"细分宽度"为9、"高度细分数"为5、"深度细分数"为7，如图3-198所示。

图3-198

03 在"通道盒/层编辑器"选项卡中，设置"平移X"为0、"平移Y"为4.5、"平移Z"为0，如图3-199所示。

图3-199

04 设置完成后，长方体模型的视图显示效果如图3-200所示。

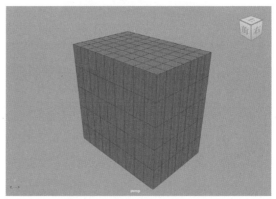

图3-200

05 选择如图3-201所示的面，单击"多边形建模"工具架上的"圆形圆角"图标，如图3-202所示，得到如图3-203所示的模型效果。

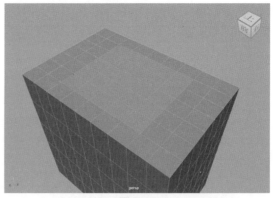

图3-201

图3-202

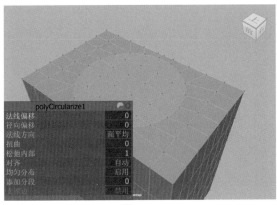

图3-203

06 单击"多边形建模"工具架上的"挤出"图标，如图3-204所示。

图3-204

07 对所选择的面进行多次挤出操作，制作出如图3-205所示的模型效果。

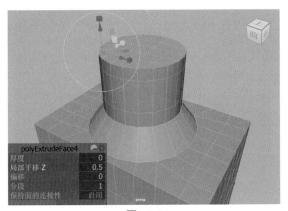

图3-205

08 按Delete键，将瓶口处的面进行删除，得到如图3-206所示的模型效果。

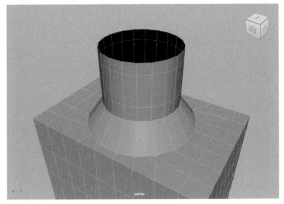

图3-206

09 选择瓶底位置处如图3-207所示的面，再次使

用"圆形圆角工具"制作出如图3-208所示的模型效果。

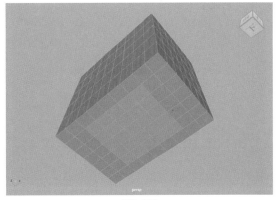

图3-207

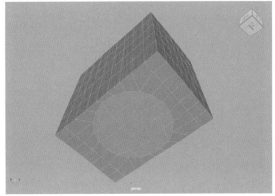

图3-208

10 使用"移动工具"和"缩放工具"对所选择的面进行细微调整，制作出如图3-209所示的模型效果。

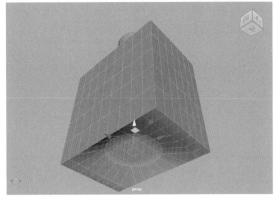

图3-209

11 使用"移动工具"调整瓶身位置处的边线，如图3-210所示。

12 选择酒瓶模型上的所有面，如图3-211所示，使用"挤出工具"制作出如图3-212所示的模型效果。

13 执行"网格显示"|"反转"命令，调整模型的显示效果如图3-213所示。

14 选择如图3-214所示的面，使用"挤出工具"对

所选择的面进行多次挤出，制作出如图3-215所示的
模型效果。

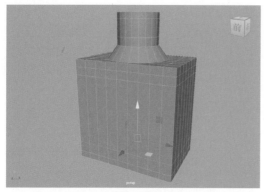

图3-210

图3-211

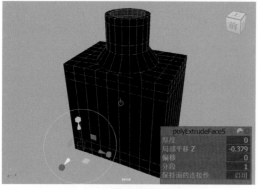

图3-212

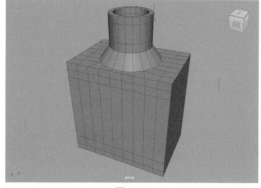

图3-213

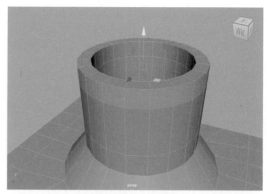

图3-214

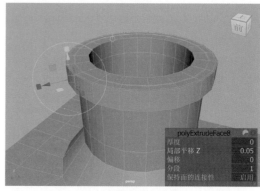

图3-215

15 选择如图3-216所示的边线，使用"倒角工具"
制作出如图3-217所示的模型效果。

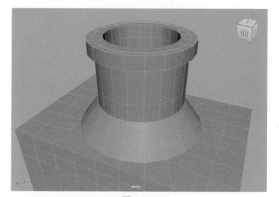

图3-216

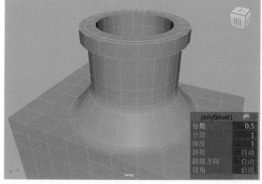

图3-217

16 按3键，对所选择的模型进行平滑显示，本实例的最终模型效果如图3-218所示。

图3-218

3.3.7 实例：制作高尔夫球模型

本实例主要讲解如何使用多边形建模技术制作一个高尔夫球模型，模型的渲染效果如图3-219所示。

图3-219

01 启动中文版Maya 2025软件，双击"多边形建模"工具架上的"柏拉图多面体"图标，如图3-220所示。

02 在系统自动弹出的"多边形柏拉图多面体选项"对话框中，单击"创建"按钮，如图3-221所示，即

可在场景中创建一个柏拉图多面体模型，如图3-222所示。

图3-220

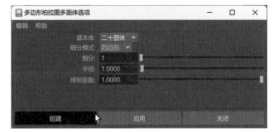

图3-221

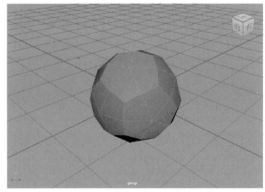

图3-222

03 在"多边形柏拉图多面体历史"卷展栏中，设置"细分模式"为"三角形"、"细分"为6，如图3-223所示。设置完成后，柏拉图多面体模型的视图显示效果如图3-224所示。

图3-223

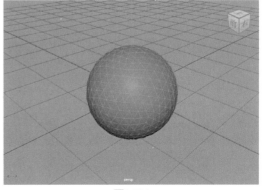

图3-224

04 选择柏拉图多面体模型上的所有边线，如图3-225所示。

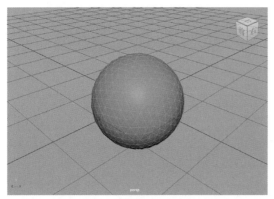

图3-225

05 在"大纲视图"面板中，右击并在弹出的快捷菜单中执行"集"｜"创建快速选择集"命令，如图3-226所示。

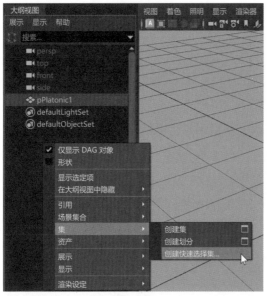

图3-226

06 在系统自动弹出的"创建快速选择集"对话框中，单击"确定"按钮，如图3-227所示。创建完成后，在"大纲视图"面板中会产生一个名称为Set的集，如图3-228所示。

07 退出模型的编辑状态后，单击"多边形建模"工具架上的"平滑"图标，如图3-229所示，得到如图3-230所示的模型效果。

图3-227

图3-228

图3-229

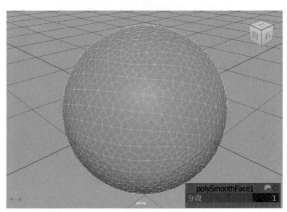

图3-230

08 在"大纲视图"面板中，将光标放在集的名称Set上，右击并在弹出的快捷菜单中执行"选择集成员"命令，如图3-231所示，即可选择刚刚设置为集的边线，如图3-232所示。

09 按Delete键，删除所选择的边线，得到如图3-233所示的模型效果。

10 选择模型上所有的面，如图3-234所示。

11 单击"多边形建模"工具架上的"挤出"图标，如图3-235所示，对所选择的面进行挤出。

图3-231

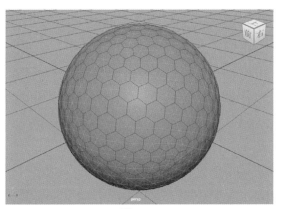

图3-232

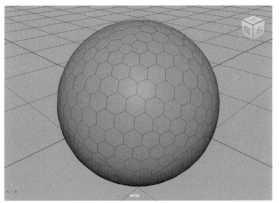

图2-233

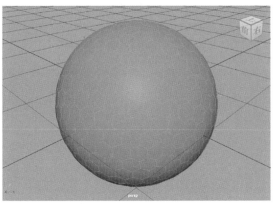

图3-234

图3-235

⑫ 设置"保持面的连接性"为"禁用"后,对所选择的面进行缩放,制作出如图3-236所示的模型效果。

⑬ 使用"挤出工具"再次对所选择的面进行挤出并缩放,制作出如图3-237所示的模型效果。

⑭ 按3键,对所选择的模型进行平滑显示,本实例的最终模型效果如图3-238所示。

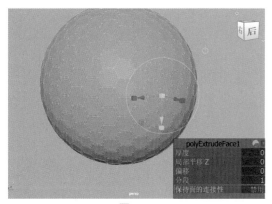

图3-236

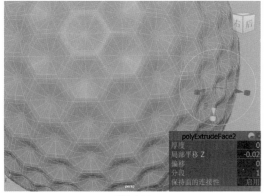

图3-237

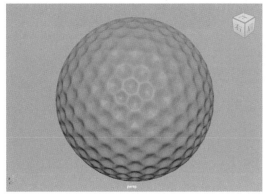

图3-238

3.3.8 实例:制作儿童凳模型

本实例主要讲解如何使用多边形建模技术制作一个儿童凳模型,模型的渲染效果如图3-239所示。

① 启动中文版Maya 2025软件,双击"多边形建模"工具架上的"多边形立方体"图标,如图3-240所示,在场景中创建一个长方体。

② 在"多边形立方体历史"卷展栏中,设置"宽度"为10、"高度"为10、"深度"为10、"细分宽度"为4、"高度细分数"为1、"深度细分数"为4,如图3-241所示。

图3-239

图3-240

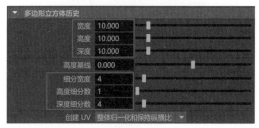

图3-241

03 在"通道盒/层编辑器"选项卡中，设置"平移X"为0、"平移Y"为5、"平移Z"为0，如图3-242所示。

图3-242

04 设置完成后，长方体模型的视图显示效果如图3-243所示。

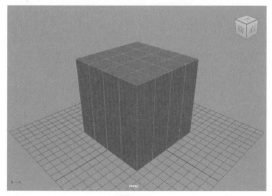

图3-243

05 选择如图3-244所示的面，使用"缩放工具"调整其大小至图3-245所示。

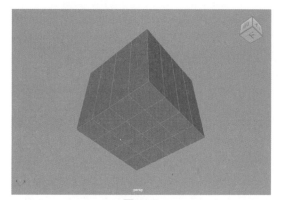

图3-244

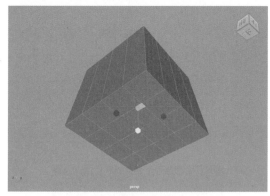

图3-245

06 选择如图3-246所示的面，使用"移动工具"调整其位置至图3-247所示。

07 使用"缩放工具"调整立方体模型底部的顶点位置至图3-248所示。

08 使用"连接工具"在如图3-249所示位置处添加边线。

09 选择如图3-250所示的面，将其删除，得到如图3-251所示的模型结果。

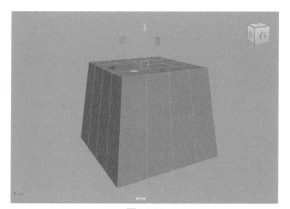

图3-246

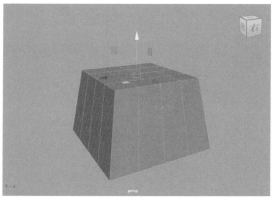

图3-247

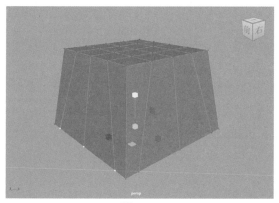

图3-248

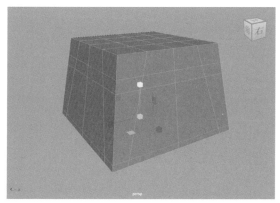

图3-249

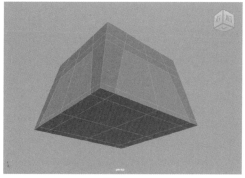

图3-250

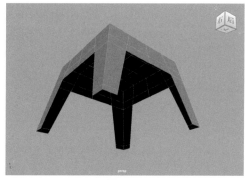

图3-251

10 选择如图3-252所示的面，使用"挤压"工具制作出如图3-253所示的模型结果。

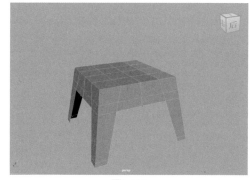

图3-252

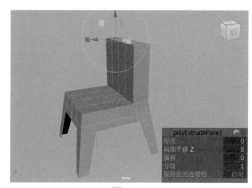

图3-253

11 使用"缩放工具"和"移动工具"调整凳子背上的顶点位置至图3-254所示。

图3-254

12 使用"连接工具"在如图3-255所示位置处添加边线。

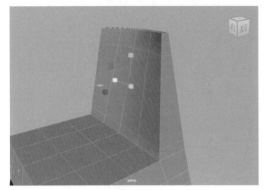

图3-255

13 选择如图3-256所示的面，将其删除，制作出凳子背面的孔洞效果，如图3-257所示。

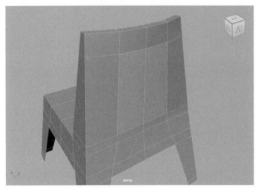

图3-256

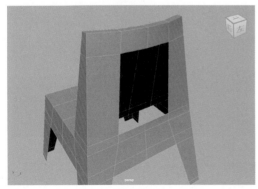

图3-257

14 选择如图3-258所示的边线，使用"挤出工具"制作出如图3-259所示的模型结果。

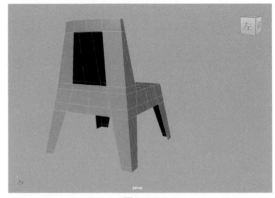

图3-258

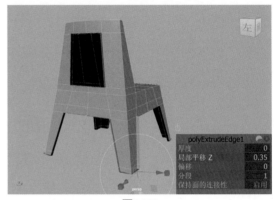

图3-259

15 选择如图3-260所示的面，使用"移动工具"调整其位置至图3-261所示。

16 选择如图3-262所示的顶点，使用"倒角工具"制作出如图3-263所示的模型结果。

17 选择如图3-264所示的面，将其删除，得到如图3-265所示的模型结果，制作出凳子中心的孔洞效果。

18 选择模型上的所有面，使用"挤出工具"为凳子模型加厚，如图3-266所示。

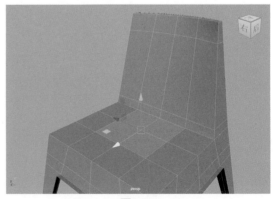

图3-260

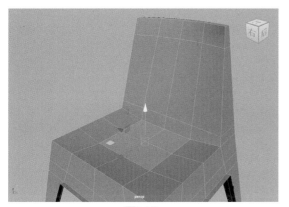

图3-261

图3-265

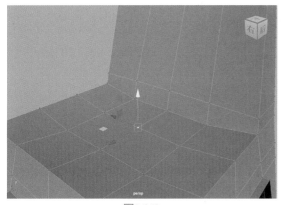

图3-262

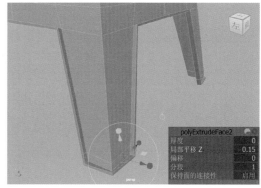

图3-266

19 按3键，对所选择的模型进行平滑显示，本实例的最终模型效果如图3-267和图3-268所示。

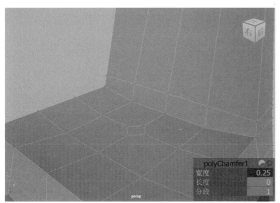

图3-263

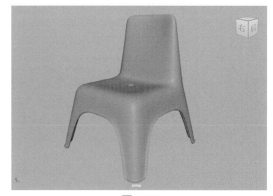

图3-267

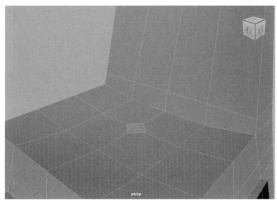

图3-264

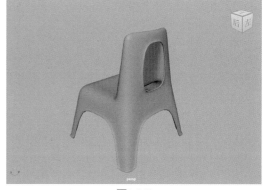

图3-268

第4章
灯光技术

4.1
灯光概述

灯光的设置是三维制作表现中非常重要的一环，灯光不仅可以照亮物体，还在表现场景气氛、天气效果等方面起着至关重要的作用。在设置灯光时，如果场景中灯光过于明亮，渲染出来的画面则会处于一种曝光状态；如果场景中的灯光过于暗淡，则渲染出来的画面有可能显得比较平淡，毫无吸引力可言，甚至导致画面中的很多细节无法体现。虽然Maya软件中，灯光的设置参数比较简单，但是若要制作出真实的光照效果仍然需要我们去不断实践，且渲染起来非常耗时。使用中文版Maya 2025提供的灯光工具，可以轻松地为制作完成的场景添加照明效果。三维软件的渲染程序可以根据用户的灯光设置严格执行复杂的光照计算，但是如果灯光师在制作光照设置前肯花大量时间来收集资料并进行光照设计，那么则可以使用这些简单的灯光工具创建出更加复杂的视觉光效。在设置灯光前我们应该充分考虑自己所要达到的照明效果，切不可抱着能打出什么样灯光效果就算什么灯光效果的侥幸心理。只有认真并有计划地设置灯光，所产生的渲染结果才能打动人心。

对于刚刚接触灯光系统的三维制作人员来说，想要给自己的作品设置合理的灯光效果，最好先收集整理一些相关的图像素材进行参考。设置灯光时，灯光的种类、颜色及位置应来源于生活。我们不可能轻松地制作出一个从未见过的光照环境，所以学习灯光时需要我们对现实中的不同光照环境处处留意。自然界中的光绚丽多彩，例如通常人们都会认为室外环境光是偏白色或偏黄色一些，但实际上阳光照射在大地上的颜色会随着一天当中的不同时间段、天气情况、周围环境等因素的变化而不同，掌握这一点对于我们进行室外场景照明设置非常重要。图4-1和图4-2所示为笔者在晴天和雾天环境下拍摄的海边光影效果。

图4-1

图4-2

另外，当我们使用相机拍照时，顺光拍摄、逆光拍摄和侧光拍摄所得到的图像光影效果也完全不同，如图4-3～图4-5所示。

图4-3

图4-4

图4-5

4.2
Maya 灯光

中文版Maya 2025提供了多种灯光工具为用户使用，用户可以在"渲染"工具架上找到这些灯光图标，如图4-6所示。

图4-6

工具解析

- 环境光：创建环境光。
- 平行光：创建平行光。
- 点光源：创建点光源。
- 聚光灯：创建聚光灯。
- 区域光：创建区域光。
- 体积光：创建体积光。

4.2.1 基础知识：使用 Stable Diffusion 绘制灯光参考图

本例主要演示在Stable Diffusion中使用与灯光相关的关键词绘制不同灯光效果的AI图像的操作方法。

01 在"模型"选项卡中，单击"ReV Animated"模型，如图 4-7所示，将其设置为"Stable Diffusion模型"。

图4-7

02 在"文生图"选项卡中输入中文提示词："汽车，街道，树，花，云，天空，阳光"后，按Enter键则可以生成对应的英文："car,street,tree,flower,cloud,sky,suneate,"，如图4-8所示。

图4-8

03 在"生成"选项卡中，设置"迭代步数（Steps）"为30、"宽度"为768、"高度"为512、"总批次数"为2，如图4-9所示。

图4-9

04 单击"生成"按钮，如图4-10所示。

图4-10

05 绘制出来的图像效果如图4-11所示。

图4-11

06 在"反向词"文本框内输入："正常质量，低分辨率，低质量，最差质量，"，按Eter键，即可将其翻译为英文："normal quality,lowres,low quality,worstquality,"，并调高这些反向提示词的权重均为2，如图4-12所示。

图4-12

07 重绘图像，绘制出来的效果如图4-13所示，可以看出画面的质量有所提升。

图4-13

08 在"高分辨率修复（Hires.fix）"卷展栏中，设置"高分迭代步数"为20，如图4-14所示。

图4-14

09 重绘图像，绘制出来的图像效果如图4-15所示，可以看出画面的质量再次提升了一些。

10 删除提示词"阳光"，补充中文提示词"黄昏"后，按Enter键则可以生成对应的英文"dusk"，如图4-16所示。

11 重绘图像，绘制出来的图像效果如图4-17所示，可以看出画面的光照效果产生了对应的改变。

12 删除提示词"黄昏"，补充中文提示词"夜晚，霓虹灯"后，按Enter键则可以生成对应的英文"night,neon lights"，如图4-18所示。

13 重绘图像，绘制出来的图像效果如图4-19所示，

可以看出画面的光照效果产生了对应的改变。

图4-15

图4-16

图4-17

图4-18

图4-19

4.2.2 基础知识：创建区域光

本例主要演示区域光的操作方法。

01 启动中文版Maya 2025软件，单击"多边形建模"工具架上的"多边形平面"图标，如图4-20所示，在场景中创建一个平面模型。

图4-20

02 在"通道盒/层编辑器"选项卡中，设置平面的参数值如图4-21所示。

图4-21

03 设置完成后，平面模型的视图显示结果如图4-22所示。

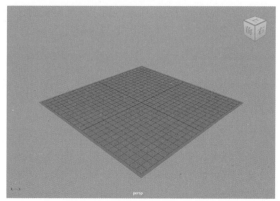

图4-22

04 单击"多边形建模"工具架上的"多边形圆柱体"图标，如图4-23所示，在场景中创建一个圆柱体模型。

图4-23

05 在"通道盒/层编辑器"选项卡中，设置圆柱体的参数值如图4-24所示。

图4-24

06 设置完成后，圆柱体模型的视图显示结果如图4-25所示。

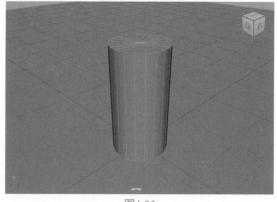

图4-25

07 单击"渲染"工具架上的"区域光"图标，如图4-26所示。在场景中创建一个区域光，如图4-27所示。

图4-26

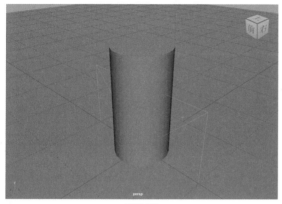

图4-27

08 在"通道盒/层编辑器"选项卡中，设置区域光的参数值如图4-28所示。设置完成后，观察场景，区域光的位置如图4-29所示。

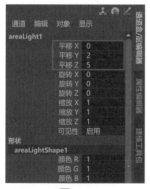

图4-28

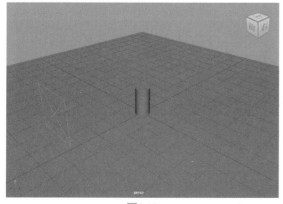

图4-29

09 在"通道盒/层编辑器"选项卡中，设置区域光的"强度"为9、Ai Exposure为5，如图4-30所示。

图4-30

10 单击Arnold工具架上的Render图标，如图4-31所示。渲染场景，渲染结果如图4-32所示。

图4-31

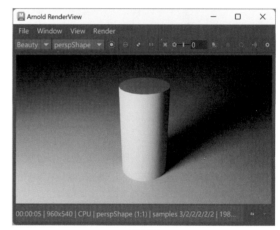

图4-32

4.2.3 实例：使用"聚光灯"制作静物灯光照明效果

本实例主要讲解如何使用"聚光灯"制作静物灯光照明效果，完成的渲染效果如图4-33所示。

图4-33

01 启动中文版Maya 2025软件，打开本书配套资源"2025.mb"文件，场景中有一个数字模型，并已经设置好了摄影机及材质，如图4-34所示。

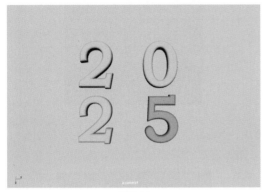

图4-34

02 单击"渲染"工具架上的"聚光灯"图标，如图4-35所示。在场景中创建一个聚光灯，如图4-36所示。

图4-35

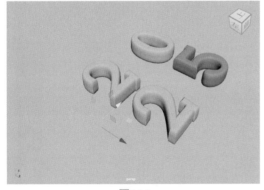

图4-36

03 在"通道盒/层编辑器"选项卡中，设置聚光灯的"平移X"为-12、"平移Y"为3、"平移Z"为12、"旋转X"为-15、"旋转Y"为-45、"旋转Z"为0，如图4-37所示。

图4-37

04 在"聚光灯属性"卷展栏中，设置灯光的"强度"为10、"圆锥体角度"为80，如图4-38所示。

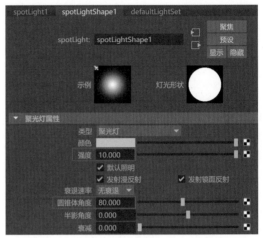

图4-38

05 在Arnold卷展栏中，需要注意的是这里的参数都是英文显示。勾选Use Color Temperature复选框，设置Temperature为20000、Exposure为9、Samples为5，如图4-39所示。

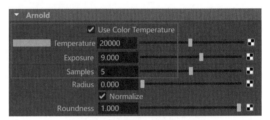

图4-39

06 设置完成后，场景的渲染预览效果如图4-40所示。

图4-40

07 从渲染效果上来看，文字的影子边缘过于清晰，显得很不自然。在Arnold卷展栏中，设置Radius为15，如图4-41所示。场景的渲染预览效果如图4-42所示。

08 在Arnold卷展栏中，设置Shadow Density为0.8，如图4-43所示，这样可以降低阴影的颜色。渲染场景，渲染结果如图4-44所示。

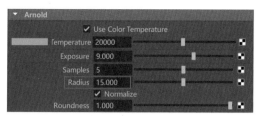

图4-41

图4-42

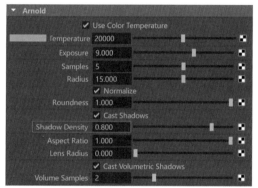

图4-43

图4-44

技巧与提示：虽然我们使用的是中文版Maya 2025软件，但是目前该软件中有些许命令仍然是英文显示状态。

09 从渲染图上来看，图像比较暗。单击Arnold Render View面板右上角齿轮形状的Display Setting按钮，设置Gamma为2，如图4-45所示。

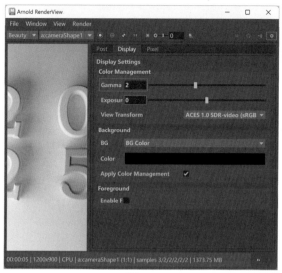

图4-45

10 设置完成后，渲染结果如图4-46所示。

图4-46

11 执行Arnold RenderView面板中的File|"Save Image Options"命令，如图4-47所示。

图4-47

12 在弹出的Save Image Options对话框中，勾选Apply Gamma/Exposure复选框，如图4-48所示。这样，我们在保存渲染图像时，就可以将调整了图像伽马值的渲染结果保存到本地硬盘上。

图4-48

技巧与提示：中文版Maya 2025软件为用户提供了功能丰富的图像后期处理工具，使得我们不必借助专业的图像处理软件，在Maya中就可以直接调整渲染出来图像的亮度、饱和度及对比度等属性。在接下来的实例中，会陆续讲解其中较为常用的图像后期处理工具。

4.2.4　实例：使用"区域光"制作室内天光照明效果

本实例主要讲解如何使用"区域光"制作室内天光表现的照明效果，完成的渲染效果如图4-49所示。

图4-49

01 启动中文版Maya 2025软件，打开本书配套资源"卧室.mb"文件，这是一个室内的场景模型，并已经设置好了材质及摄影机的渲染角度，如图4-50所示。

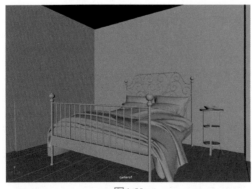

图4-50

02 单击"渲染"工具架上的"区域光"图标，如图4-51所示。在场景中创建一个区域光，如图4-52所示。

图4-51

图4-52

03 使用"缩放工具"对区域光进行缩放，在"右视图"中调整其大小和位置至图4-53所示，与场景中房间的窗户大小相近即可。

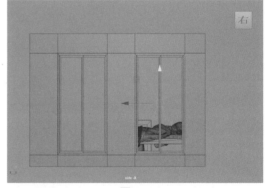

图4-53

04 使用"移动工具"调整区域光的位置至图4-54所示。在"透视视图"中将灯光放置在房间中窗户模型的位置处。

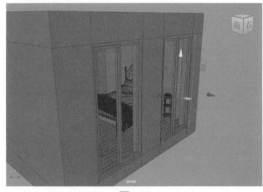

图4-54

05 在"区域光属性"卷展栏中，设置区域光的"强度"为100，如图4-55所示。

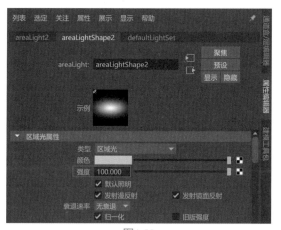

图4-55

06 在Arnold卷展栏中，勾选Use Color Temperature复选框，设置Temperature为8500、Exposure为12，如图4-56所示。

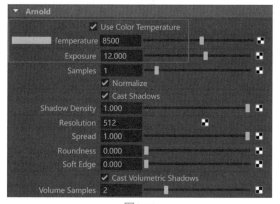

图4-56

07 设置完成后，场景的渲染预览效果如图4-57所示。

图4-57

08 观察场景中的房间模型，可以看到该房间的一侧墙上有两扇窗户，将刚刚创建的区域光复制出来一个，并调整其位置至另一个窗户模型的位置处，如图4-58所示。

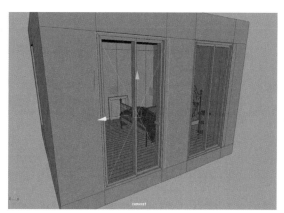

图4-58

09 设置完成后，可以看到目前的渲染预览显得明亮了许多，如图4-59所示。

图4-59

10 渲染场景，渲染结果如图4-60所示。

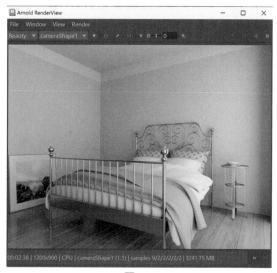

图4-60

11 单击Arnold RenderView（Arnold渲染视图）面板右上角齿轮形状的Display Setting按钮，单击Add Imager下拉按钮，在下拉菜单中选择Color Correct选项，如图4-61所示。

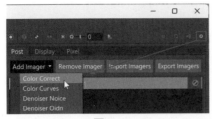

图4-61

12 在Main卷展栏中，设置Saturation为1.2，如图4-62所示。

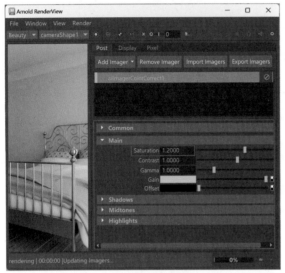

图4-62

13 设置完成后，可以看到图像画面的饱和度有了一定的提升，本实例的最终渲染结果如图4-63所示。

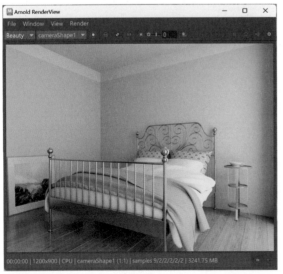

图4-63

技巧与提示：读者可以自行尝试通过设置Color Correct（颜色修正）图层中的参数，制作出如图4-64所示的渲染结果。

图4-64

4.3
Arnold 灯光

中文版Maya 2025软件内整合了全新的Arnold灯光系统，使用这一套灯光系统并配合Arnold渲染器，用户可以渲染出超写实的画面效果。需要注意的是，目前Arnold工具架中图标的参数命令全部为英文显示。用户在Arnold工具架上可以找到并使用这些全新的灯光图标，如图4-65所示。

图4-65

工具解析

- ■ Area Light：创建区域光。
- ❀ Mesh Light：创建网格灯光。
- 不 Photometric Light：创建光度学灯光。
- ● SkyDome Light：创建天空光。
- ● Light Portal：创建灯光入口。
- ● Physical Sky：创建物理天空。

4.3.1 实例：使用 Area Light 制作太空照明效果

本实例主要讲解如何使用Area Light（区域灯光）制作太空环境照明效果，完成的渲染效果如图4-66所示。

01 启动中文版Maya 2025软件，打开本书配套资源"星球.mb"文件，里面有一个星球模型，并已经设置好了摄影机及材质，如图4-67所示。

图4-66

图4-67

02 在Arnold工具架上单击 Area Light（区域灯光）图标，如图4-68所示，在场景中创建一个区域灯光。

图4-68

03 在"通道盒/层编辑器"选项卡中，设置区域灯光的"平移X"为9、"平移Y"为6、"平移Z"为35、"缩放X"为4、"缩放Y"为4、"缩放Z"为4，如图4-69所示。

图4-69

04 在Arnold Area Light Attributes卷展栏中，设置Intensity为30、Exposure为9、Light Shape为disk，如图4-70所示。

05 设置完成后，灯光的视图显示效果如图4-71所示，场景的渲染效果如图4-72所示。

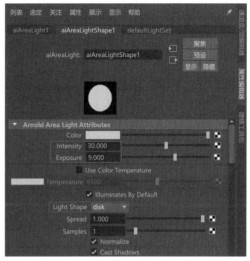

图4-70

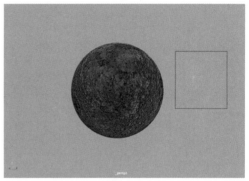

图4-71

图4-72

06 单击Arnold RenderView面板右上角齿轮形状的Display Setting按钮，单击Add Imager下拉按钮，在下拉菜单中选择Lens Effects选项，如图4-73所示。

07 在Bloom卷展栏中，设置Strength为10、Tint为黄色、Radius为7、Threshold为0.05，如图4-74所示。

08 在场景中再次创建一个区域灯光，在"通道盒/层编辑器"选项卡中，设置区域灯光的"平移X"为-35、

"平移Y"为0、"平移Z"为-40、"旋转X"为0、"旋转Y"为-130、"旋转Z"为0、"缩放X"为18、"缩放Y"为18、"缩放Z"为18，如图4-75所示。

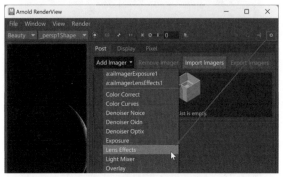

图4-73

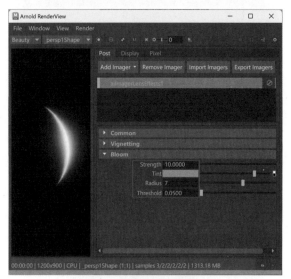

图4-74

图4-75

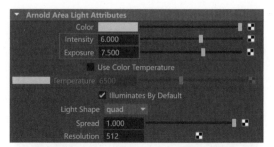

图4-76

图4-77

图4-78

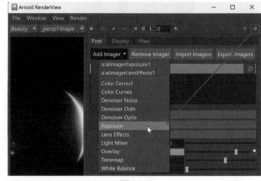

图4-79

09 在Arnold Area Light Attributes卷展栏中，设置Intensity为6、Exposure为7.5，如图4-76所示。

10 设置完成后，灯光的视图显示结果如图4-77所示。

11 渲染场景，渲染结果如图4-78所示。

12 单击Arnold RenderView面板右上角齿轮形状的Display Setting按钮，单击Add Imager下拉按钮，在下拉菜单中选择Exposure选项，如图4-79所示。

13 在Main卷展栏中，设置Exposure为3，如图4-80所示。

14 设置完成后，本实例的最终渲染结果如图4-81所示。

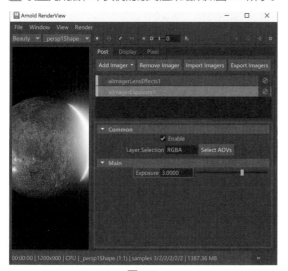

图4-80

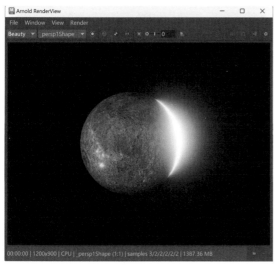

图4-81

4.3.2 实例：使用 Physical Sky 制作室内阳光照明效果

本例使用Maya的Physical Sky（物理天空）工具制作室内日光表现的照明效果。在进行灯光设置之前，非常有必要先观察现实生活中阳光透过窗户照射进室内所产生的光影效果。图4-82所示为笔者在卧室拍摄的一张插座照片，通过该图可以看出距离墙体远近不同的物体所投射的影子，其虚实程度有很大变化。其中，A处为窗户的投影，因为距离墙体最远，所以投影也最模糊。B处插座面板的投影，因为距离墙体最近，所以投影也最清晰。C处为电器插头连线的投影，从该处可以清晰地看到阴影从清晰到模糊的渐变效果。

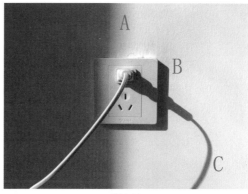

图4-82

参考上图的光影效果来完成本实例的灯光设置，本实例使用之前实例的场景文件，完成的渲染效果如图4-83所示。

图4-83

01 启动中文版Maya 2025软件，打开本书配套资源"卧室.mb"文件，这是一个室内的场景模型，并已经设置好了材质及摄影机的渲染角度，如图4-84所示。

图4-84

02 单击Arnold工具架中的Physical Sky（物理天空）图标，如图4-85所示。

图4-85

03 在场景中创建一个物理天空灯光，如图4-86所示。

图4-86

04 在Physical Sky Attributes卷展栏中，设置 Elevation（海拔）为30、Azimuth（方位）为40，调整出阳光的照射角度；设置Intensity（强度）为20，增加阳光的亮度；设置Sun Size（太阳尺寸）为3，增加太阳的大小，该值可以影响阳光对模型产生的阴影效果，如图4-87所示。

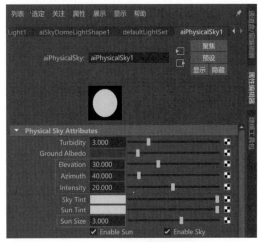

图4-87

05 设置完成后，渲染场景，渲染结果如图4-88所示。

图4-88

06 观察渲染结果，可以看到渲染出来的图像感觉还是略微有点偏暗。单击Arnold RenderView面板右上角齿轮形状的Display Setting按钮，单击Add Imager下拉按钮，在下拉菜单中选择Color Curves选项，如图4-89所示。

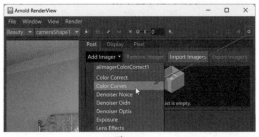

图4-89

07 在Ramp RGB（渐变RGB）卷展栏中，设置曲线的形状至图4-90所示。

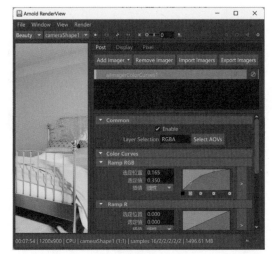

图4-90

08 设置完成后，本实例的最终渲染结果如图4-91所示。

图4-91

第 5 章
摄影机技术

5.1
摄影机概述

公元前四世纪墨子就记述了针孔成像原理开始。经过多年的发展，摄影机无论是在外观、结构，还是功能上都发生了翻天覆地的变化。最初的产品结构相对简单，仅仅包括暗箱、镜头和感光的材料，拍摄出来的画面效果也不尽如人意。而现代的摄影机以其精密的镜头、光圈、快门、测距、输片、对焦等系统和融合了光学、机械、电子、化学等技术，可以随时随地地完美记录我们的生活画面，将一瞬间的精彩永久保留。

中文版Maya 2025软件中摄影机中所包含的参数命令与现实当中我们所使用的摄影机参数非常相似，例如焦距、光圈、快门、曝光等，如果用户是一个摄影爱好者，那么学习本章内容将会得心应手。跟其他章节的内容比较，本章摄影机的参数相对较少，但并不意味着每个人都可以轻松地学习掌握摄影机技术，学习摄影机技术就像我们拍照一样，读者最好还要额外多学习一些有关画面构图方面的知识有助于帮助自己将作品中较好的一面展示出来。图5-1和图5-2所示为笔者日常生活中拍摄的一些画面。

图5-2

5.2
摄影机工具

中文版Maya 2025软件在默认状态下为用户的场景提供了4台摄影机，通过新建场景文件，然后打开"大纲视图"面板，就可以看到这些隐藏的摄影机，这些摄影机分别用来控制透视视图、顶视图、前视图和侧视图。我们在场景中进行各视图的切换，实际上就是在这些摄影机视图里完成的，如图5-3所示。

图5-3

在进行项目制作时，通常都要用户自己重新创建一个摄影机来固定拍摄角度或者制作摄影机动画，执行"创建"|"摄影机"命令，可以看到Maya为用户提供的多种类型摄影机，如图5-4所

图5-1

示。在这几种摄影机工具中，当属第一种"摄影机"工具最为常用，我们也可以在"渲染"工具架中找到该工具图标，如图5-5所示。

图5-4

图5-5

5.2.1　基础知识：在场景中创建摄影机

本例主要演示摄影机的操作方法。

01 启动中文版Maya 2025软件，单击"多边形建模"工具架上的"多边形平面"图标，如图5-6所示。

图5-6

02 在场景中创建一个平面模型，如图5-7所示。

图5-7

03 单击"多边形建模"工具架上的"多边形圆锥体"图标，如图5-8所示。

图5-8

04 在场景中创建一个圆锥体模型，如图5-9所示。

05 单击"渲染"工具架上的"创建摄影机"图标，如图5-10所示，在场景中创建一个摄影机，如图5-11所示。

06 执行"面板"|"透视"|camera1命令，如图5-12所示，即可将当前视图切换至"摄影机视图"，如图5-13所示。

07 在"摄影机视图"中，调整摄影机的观察角度至图5-14所示。

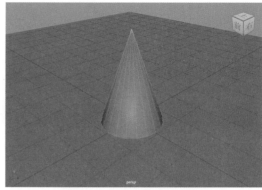

图5-9

图5-10

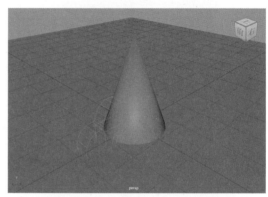

图5-11

图5-12

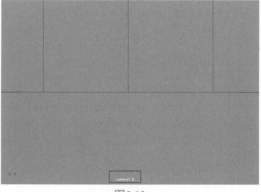

图5-13

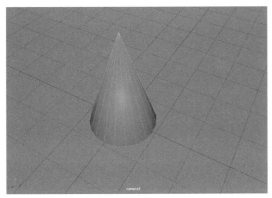

图5-14

08 在"通道盒/层编辑器"选项卡中，选择如图5-15所示的参数，选择完成后，参数的背景色为蓝色显示状态。

图5-15

09 右击并在弹出的快捷菜单中执行"锁定选定项"命令，如图5-16所示，即可将选择的参数进行锁定。操作完成后，观察这些被锁定的参数，可以看到每个参数后面都会出现一个蓝灰色的方形标记，如图5-17所示。这样，场景中摄影机的位置就固定好了，可以避免误操作不小心更改了摄影机的机位。

| 断开连接 |
| 选择连接 |
| 锁定选定项 |
| 解除锁定选定项 |
| 隐藏选定项 |
| 锁定并隐藏选定项 |
| 使选定项不可设置关键帧 |
| 使选定项可设置关键帧 |
| 添加到选定层 |
| 从选定层移除 |

图5-16

10 单击"分辨率门"按钮，如图5-18所示，可以在"摄影机视图"中显示出将要渲染的区域，如图5-19所示。

图5-17

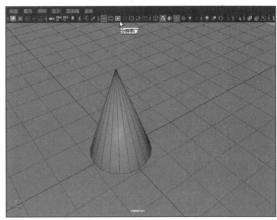

图5-18

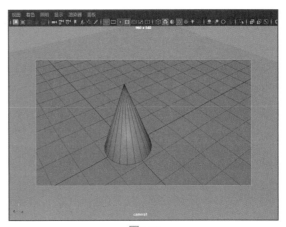

图5-19

11 在"摄影机属性"卷展栏中，我们还可以通过更改"视角"值来微调摄影机的画面，如图5-20所示。图5-21和图5-22所示分别为"视角"值是60和45的"摄影机视图"显示结果。

技巧与提示： "视角"值与其下方的"焦距"值是关联关系，这两个参数调整任何一个都会改变另一个的数值。

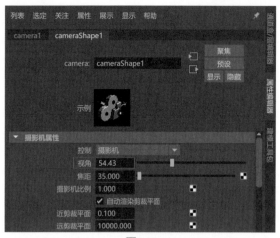

图5-20

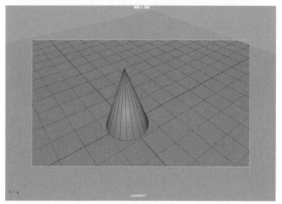

图5-21

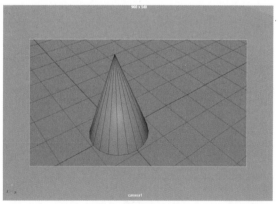

图5-22

的近剪裁平面、远剪裁平面和视锥，如图5-26所示。

图5-23

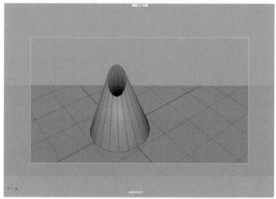

图5-24

图5-25

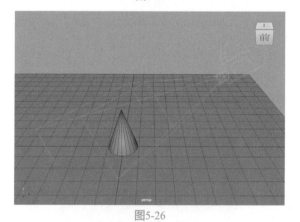

图5-26

⑫ 通过更改"摄影机属性"卷展栏内的"近剪裁平面"和"远剪裁平面"值可以控制"摄影机视图"中哪些位置处的画面可以保留，如图5-23所示。位于这两个参数值区间以外的地方将不会被渲染。图5-24所示为"近剪裁平面"值设置为7和"远剪裁平面"值设置为10的"摄影机视图"显示结果。

⑬ 在"视锥显示控件"卷展栏中，分别勾选"显示近剪裁平面""显示远剪裁平面"和"显示视锥"复选框，如图5-25所示。还可以在场景中显示出摄影机

5.2.2 实例：使用"摄影机"制作景深效果

本实例主要讲解如何使用摄影机制作景深渲染效果，设置了景深效果的前后对比如图5-27和图5-28所示。

图5-27

图5-28

01 启动中文版Maya 2025软件，打开配套资源文件"植物.mb"，场景中是一组植物的模型，并且已经设置好了材质和灯光，如图5-29所示。

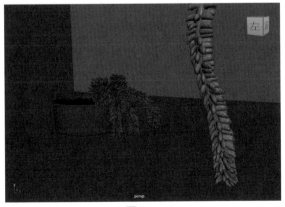

图 5-29

02 单击"渲染"工具架中的"创建摄影机"图标，如图5-30所示，即可在场景中创建一个摄影机。

图5-30

03 在"通道盒/层编辑器"选项卡中，设置摄影机的参数如图5-31所示。

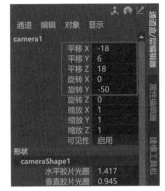

图5-31

04 设置完成后，摄影机在场景中的位置如图5-32所示。

图5-32

05 执行"面板"|"透视"|camera1命令，即可将操作视图切换至"摄影机视图"，如图5-33所示。

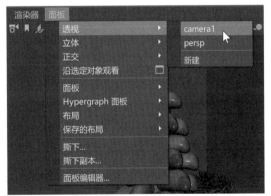

图5-33

06 单击Arnold工具架上的Render图标，如图5-34所示。渲染场景，渲染结果如图5-35所示。

图5-34

图5-35

07 执行"创建"|"测量工具"|"距离工具"命令。在"顶视图"中，测量出摄影机和场景中距离摄影机较远的花盆模型的距离值，如图5-36所示。

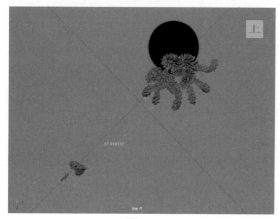

图5-36

08 选择场景中的摄影机，在Arnold卷展栏中，勾选Enable DOF复选框，开启景深计算。设置Focus Distance为27，该值也就是我们在上一个步骤里所测量出来的值。设置Aperture Size为0.05，如图5-37所示。

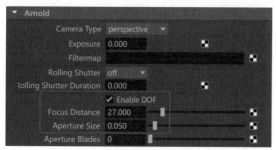

图5-37

09 设置完成后，渲染"摄影机视图"，渲染结果如图5-38所示。

10 在Arnold卷展栏中，设置Aperture Size为0.15，如图5-39所示。

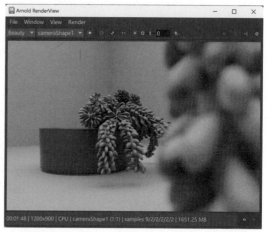

图5-38

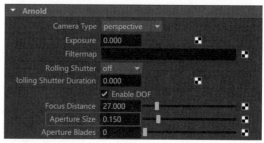

图5-39

11 再次渲染场景，可以发现景深的效果更加明显了，如图5-40所示。

图5-40

技巧与提示：摄影机Aperture Size（光圈尺寸）的值越大，景深效果越明显。

12 单击Arnold RenderView面板右上角齿轮形状的Display Setting按钮，设置Gamma为2，如图5-41所示。

13 本实例的最终渲染结果如图5-42所示。

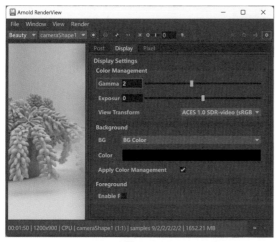

图5-41

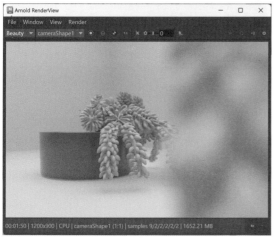

图5-42

5.2.3 实例：使用"摄影机"制作运动模糊效果

本实例主要讲解如何使用"摄影机"制作运动模糊效果。设置了运动模糊效果的前后对比如图5-43和图5-44所示。

图5-43

图5-44

01 启动中文版Maya 2025软件，打开本书配套资源文件"风力发电机.mb"，场景中有一架风力发电机的简易模型，并且已经设置好了材质、灯光和扇叶的旋转动画，如图5-45所示。

图5-45

02 单击"渲染"工具架中的"创建摄影机"图标，如图5-46所示，即可在场景中创建一个摄影机。

图5-46

03 在"通道盒/层编辑器"面板中，设置摄影机的参数，如图5-47所示。

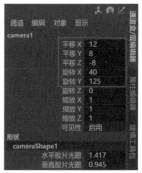

图5-47

04 将视图切换至"摄影机视图"，摄影机的拍摄角度如图5-48所示。

图5-48

05 单击Arnold工具架上的Render图标，如图5-49所示。渲染场景，渲染结果如图5-50所示。

图5-49

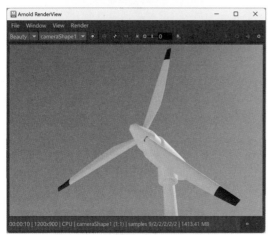

图5-50

06 单击软件界面右上角位置处的"显示渲染设置"按钮，如图5-51所示。在弹出的"渲染设置"面板中，展开Motion Blur卷展栏，勾选Enable复选框，开启运动模糊效果计算，如图5-52所示。

07 渲染场景，渲染结果如图5-53所示，从渲染结果上已经可以看到风力发电机的扇叶旋转所产生的运动模糊效果。

08 设置Length为5，增加运动模糊的计算效果，如图5-54所示。再次渲染场景，渲染结果如图5-55所示，这一次我们可以看到更加明显的运动模糊效果。

图5-51

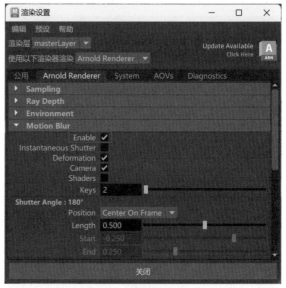

图5-52

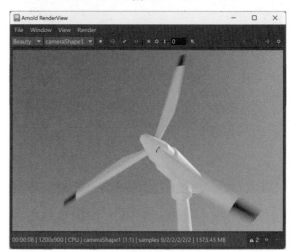

图5-53

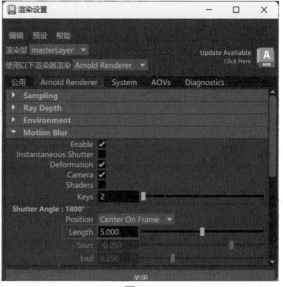

图5-54

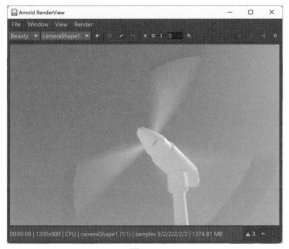

图5-55

09 选择摄影机，在Arnold卷展栏中，设置Rolling Shutter（滚动快门）为top，如图5-56所示。

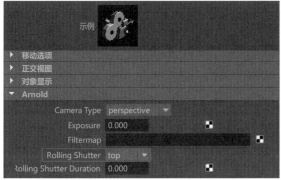

图5-56

10 渲染场景，可以看到风力发电机螺旋桨因为旋转动画和运动模糊计算而产生的形变效果，如图5-57所示。

图5-57

11 设置Rolling Shutter Duration（滚动快门持续时间）为0.3，如图5-58所示。

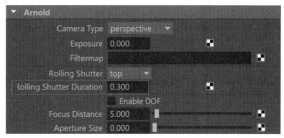

图5-58

12 渲染场景，可以看到产生了运动形变之后的运动模糊效果，如图5-59所示。

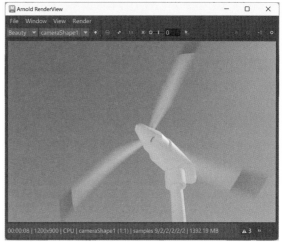

图5-59

第 6 章

材质与纹理

6.1
材质概述

材质技术在三维软件中可以真实地反映出物体的颜色、纹理、透明、光泽以及凹凸质感，使我们的三维作品看起来生动、活泼。图6-1和图6-2所示分别为在三维软件中使用材质相关命令制作出来的各种不同物体的质感表现。

图6-1

图6-2

6.2
Hypershade 面板

中文版Maya 2025为用户提供了一个用于方便管理场景里所有材质球的工作界面，就是Hypershade面板。如果Maya用户对3ds Max有一点了解，可以把Hypershade面板理解为3ds Max软件里的材质编辑器。Hypershade面板由多个不同功能的选项卡组合而成，包括"浏览器""材质查看器""创建""存储箱""工作区"及"特性编辑器"，如图6-3所示。不过，在项目的制作中，很少去打开Hypershade面板，因为在Maya软件中，制作物体的材质只需要在"属性编辑器"选项卡中调试即可。

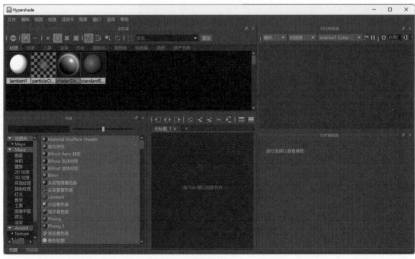

图6-3

6.2.1 基础知识：使用 Stable Diffusion 绘制水彩画

本例主要演示在Stable Diffusion中使用文生图绘制水彩风格图像的操作方法。

01 在"模型"选项卡中，单击"DreamShaper"模型，如图6-4所示，将其设置为"Stable Diffusion模型"。

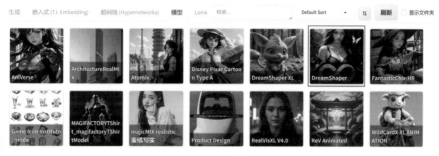

图6-4

02 在"文生图"选项卡中输入中文提示词："花园，景观，树木，花，山脉，蓝天，水彩"后，按Enter键则可以生成对应的英文："garden,landscape,tree,flower,mountain,blue_sky,watercolor_(medium),"，并提高提示词"水彩"的权重为1.5，如图6-5所示。

图6-5

03 在"生成"选项卡中，设置"迭代步数（Steps）"为30、"宽度"为768、"高度"为512、"总批次数"为2，如图6-6所示。

图6-6

04 单击"生成"按钮，绘制出来的图像效果如图6-7所示。

图6-7

05 在"反向词"文本框内输入："正常质量，最差质量，低质量，低分辨率"，按Enter键，即可将其翻译为英文："normal quality,worstquality,low quality,lowres,"，并提高这些反向提示词的权重，如图6-8所示。

图6-8

06 重绘图像，得到的水彩风格图像效果如图6-9所示，可以看到使用了反向提示词后画面的精细程度丰富了许多。

图6-9

07 在"高分辨率修复（Hires.fix）"卷展栏中，设置"高分迭代步数"为20，如图6-10所示。

图6-10

08 再次重绘图像，可以得到分辨率更大一些的AI绘画作品图像，如图6-11所示。

技巧与提示：我们可以使用AI绘画软件绘制一些有趣的图像作为贴图使用，例如本实例所绘制的图像可以用作室内的装饰画贴图。

图6-11

6.2.2 基础知识：Hypershade 面板基本使用方法

本例主要演示添加材质及Hypershade面板的操作方法。

01 启动中文版Maya 2025软件，打开本书配套资源文件"水晶.mb"，场景中有一组水晶的模型，并且已经设置好了灯光及摄影机，如图6-12所示。

02 场景的渲染预览效果如图6-13所示。

03 选择场景中的水晶模型，单击"渲染"工具架上的"编辑材质属性"图标，如图6-14所示。这时，"属性编辑器"选项卡中可以快速显示出该模型的材质相关参数，如图6-15所示。

04 在"基础"卷展栏中，设置"颜色"为蓝色，如图6-16所示。观察场景，可以看到水晶模型的颜色也发生了相应改变,如图6-17所示。

图6-12

图6-13

图6-14

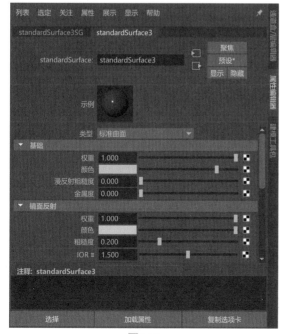

图6-15

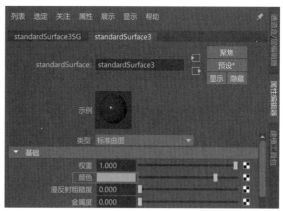

图6-16

图6-17

05 选择如图6-18所示的面,单击"渲染"工具架上的"标准曲面材质"图标,如图6-19所示,则可以为所选择的面添加一个新的材质,如图6-20所示。

06 单击软件界面右上角的"显示Hypershade窗口"按钮,如图6-21所示,可以打开Hypershade面板。

图6-18

图6-19

图6-20

图6-21

07 在Hypershade面板中的"浏览器"选项卡中，可以看到水晶模型使用的两个材质球，如图6-22所示。单击对应的材质球，也可以在"属性编辑器"面板中快速显示出该材质球的相关参数。

图6-22

技巧与提示：需要注意的是，由于Hypershade面板中的"特性编辑器"选项卡中的参数为英文显示，如图6-23所示，所以，在实际工作中，还是在"属性编辑器"选项卡中根据参数的中文名称来设置物体的材质较为方便。

08 选择场景中的水晶模型，将光标移动至Hypershade面板中"浏览器"选项卡内的standardSurface3材质球上，右击，在弹出的快捷菜单中执行"为当前选择指定材质"命令，如图6-24所示，即可将名称为standardSurface3的材质赋予所选择的水晶模型上。

09 执行"编辑"|"删除未使用节点"命令，如

图6-25所示，可以将场景中未使用的材质节点全部删除。

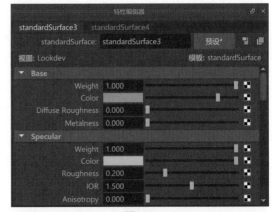

图6-23

图6-24

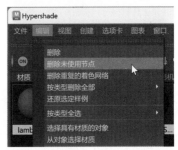

图6-25

10 设置完成后，渲染场景，渲染结果如图6-26所示。

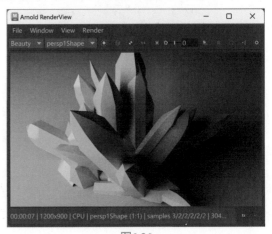

图6-26

6.3
材质类型

Maya为用户提供了多个常见的、不同类型的材质球图标，这些图标被整合到了"渲染"工具架中，方便用户使用，如图6-27所示。

图6-27

工具解析

- 编辑材质属性：显示着色组属性编辑器。
- 标准曲面材质：将新的标准曲面材质指定给活动对象。
- 各项异性材质：将新的各项异性材质指定给活动对象。
- Blinn材质：将新的Blinn材质指定给活动对象。
- Lambert材质：将新的Lambert材质指定给活动对象。
- Phong材质：将新的Phong材质指定给活动对象。
- Phong E材质：将新的Phong E材质指定给活动对象。
- 分层材质：将新的分层材质指定给活动对象。
- 渐变材质：将新的渐变材质指定给活动对象。
- 着色贴图：将新的着色贴图指定给活动对象。
- 表面材质：将新的表面材质指定给活动对象。
- 使用背景材质：将新的使用背景材质指定给活动对象。

6.3.1 实例：使用"标准曲面材质"制作玻璃材质

本实例主要讲解如何使用"标准曲面材质"制作玻璃材质，完成的渲染效果如图6-28所示。

01 启动中文版Maya 2025软件，打开本书配套资源"玻璃材质.mb"文件，本场景为一个简单的室内环境模型，里面主要包含了一组酒具模型，并且已经设置好了灯光及摄影机，如图6-29所示。

图6-28

图6-29

02 选择酒杯模型，如图6-30所示。单击"渲染"工具架的"标准曲面材质"图标，如图6-31所示，为所选择的模型添加标准曲面材质。

图6-30

图6-31

03 在"镜面反射"卷展栏中，设置"粗糙度"为0，如图6-32所示。

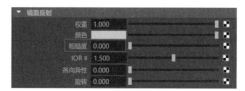

图6-32

04 在"透射"卷展栏中，设置"权重"值为1，如图6-33所示。

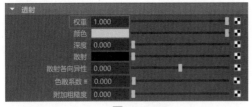

图6-33

05 设置完成后，酒杯材质在"材质查看器"中的显示效果如图6-34所示。

图6-34

06 选择酒瓶模型，如图6-35所示。单击"渲染"工具架的"标准曲面材质"图标，为所选择的模型添加标准曲面材质。

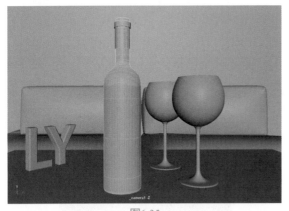

图6-35

07 在"镜面反射"卷展栏中，设置"粗糙度"为0，如图6-36所示。

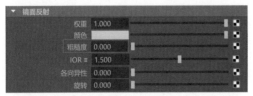

图6-36

08 在"透射"卷展栏中，设置"权重"为1、"颜色"为绿色，如图6-37所示，其中，颜色的参数设置如图6-38所示。

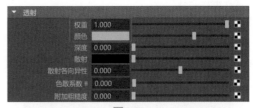

图6-37

图6-38

09 设置完成后，酒瓶材质在"材质查看器"面板中的显示效果如图6-39所示。

图6-39

10 渲染场景，本实例中酒杯和酒瓶模型的玻璃材质渲染效果如图6-40所示。

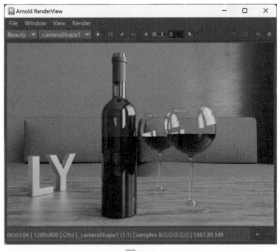

图6-40

6.3.2 实例：使用"标准曲面材质"制作金属材质

本实例主要讲解如何使用"标准曲面材质"制作金属材质，完成的渲染效果如图6-41所示。

图6-41

01 启动中文版Maya 2025软件，打开本书配套资源"金属材质.mb"文件，本场景为一个简单的室内环境模型，桌上放置了一只小鹿摆件模型，并且已经设置好了灯光及摄影机，如图6-42所示。

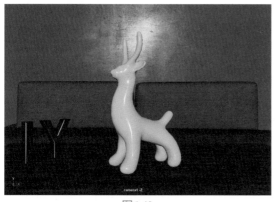

图6-42

02 选择小鹿模型，如图6-43所示。单击"渲染"工具架的"标准曲面材质"图标，如图6-44所示，为所选择的模型添加标准曲面材质。

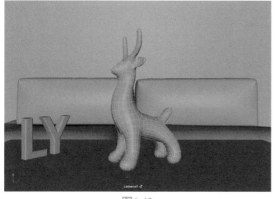

图6-43

图6-44

03 在"基础"卷展栏中，设置"颜色"为黄色、"金属度"为1，如图6-45所示，其中，颜色的参数设置如图6-46所示。

图6-45

图6-46

04 在"镜面反射"卷展栏中，设置"粗糙度"为0.1，如图6-47所示。

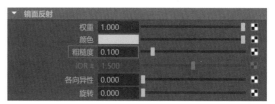

图6-47

05 设置完成后，金属材质在"材质查看器"面板中的显示效果如图6-48所示。

图6-48

06 渲染场景，本实例中小鹿摆件的金属材质渲染效果如图6-49所示。

图6-49

6.3.3 实例：使用"标准曲面材质"制作玉石材质

本实例主要讲解如何使用"标准曲面材质"制作玉石材质，完成的渲染效果如图6-50所示。

图6-50

01 启动中文版Maya 2025软件，打开本书配套资源"玉石材质.mb"文件，本场景为一个简单的室内环境模型，桌上放置了一个小鹿形状的雕塑模型，并且已经设置好了灯光及摄影机，如图6-51所示。

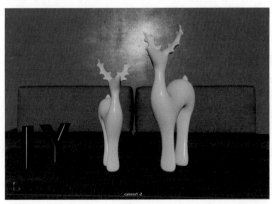

图6-51

02 选择鹿形雕塑模型，如图6-52所示。单击"渲染"工具架的"标准曲面材质"图标，如图6-53所示，为所选择的模型添加标准曲面材质。

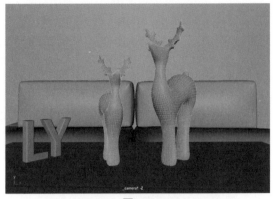

图6-52

图6-53

03 在"镜面反射"卷展栏中，设置"粗糙度"为0.1，如图6-54所示。

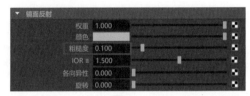

图6-54

04 在"次表面"卷展栏中，设置"权重"为1，"颜色"为绿色、"缩放"为2，如图6-55所示，其中，颜色的参数设置如图6-56所示。

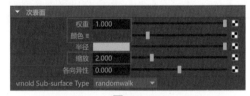

图6-55

图6-56

05 设置完成后，鹿形雕塑的玉石材质在"材质查看器"面板中的显示效果如图6-57所示。

06 渲染场景，本实例中鹿形雕塑的玉石材质渲染效果如图6-58所示。

图6-57

图6-58

6.4
纹理与 UV

使用贴图纹理的效果要比仅仅使用单一颜色更加直观地表现出物体的真实质感。添加了纹理，可以使物体的表面看起来更加细腻、逼真，配合材质的反射、折射、凹凸等属性，可以使渲染出来的场景更加真实和自然。纹理与UV密不可分，当我们为材质添加贴图纹理时，如何让贴图纹理能够正确地覆盖在模型表面则需要我们为模型添加UV二维贴图坐标。例如选择一张树叶的贴图指定给叶片模型时，Maya软件并不能自动确定树叶的贴图是以什么样的方向平铺到叶片模型上，那么，这就需要我们使用UV来控制贴图的方向以得到正确的贴图效果，如图6-59所示。

虽然Maya在默认情况下会为许多基本多边形模型自动创建UV，但是在大多数情况下，还是需要我们重新为物体指定UV。根据模型形状的不

同，Maya为用户提供了平面映射、圆柱形映射、球形映射和自动映射这几种现成的UV贴图方式，在"UV编辑"工具架上可以找到这些工具的图标，如图6-60所示。

图6-59

图6-60

工具解析

- ▣ 平面：为选定对象添加平面类型投影形状的UV纹理坐标。
- ▣ 圆柱形：为选定对象添加圆柱形类型投影形状的UV纹理坐标。
- ▣ 球形：为选定对象添加球体类型投影形状的UV纹理坐标。
- ▣ 自动：为选定对象同时自动添加多个平面投影形状的UV纹理坐标。
- ▣ 轮廓拉伸：创建沿选定面轮廓的UV纹理坐标。
- ▣ 自动接缝：为所选对象进行自动接缝。
- ▣ 切割UV边：沿选定边分离UV。
- ▣ 删除UV：删除选定面的UV坐标。
- ▣ 3D抓取UV工具：用于抓取3D视口中的UV。
- ▣ 3D切割和缝合UV工具：直接在模型上以交互的方式切割UV，按住Ctrl键可以缝合UV。
- ▣ UV编辑器：单击该图标可以弹出"UV编辑器"面板。
- ▣ UV集编辑器：单击该图标可以弹出"UV集编辑器"面板。

6.4.1　实例：使用 aiWireframe 制作线框材质

本实例主要讲解如何使用aiWireframe（线框）纹理制作线框材质，完成的渲染效果如图6-61所示。

图6-61

01 启动中文版Maya 2025软件，打开本书配套资源"线框材质.mb"文件，本场景为一个简单的室内环境模型，桌上放置了一只玩具鸭子模型，并且已经设置好了灯光及摄影机，如图6-62所示。

图6-62

02 在场景中选择玩具鸭子的身体部分模型，如图6-63所示。单击"渲染"工具架的"标准曲面材质"图标，如图6-64所示，为所选择的模型添加标准曲面材质。

图6-63

图6-64

03 在"基础"卷展栏中，单击"颜色"参数后面的

方形按钮，如图6-65所示。

图6-65

04 在弹出的"创建渲染节点"对话框中单击aiWireframe属性，如图6-66所示。需要注意的是，该纹理内的参数都是英文显示。

图6-66

05 在Wireframe Attributes（线框属性）卷展栏中，设置Edge Type（边类型）为polygons（多边形）、Fill Color（填充颜色）为灰白色、Line Color（线颜色）为深灰色，如图6-67所示。

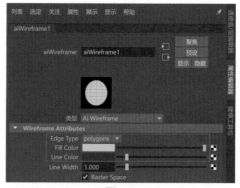

图6-67

06 在"镜面反射"卷展栏中，设置"权重"为0，取消材质的高光效果，如图6-68所示。

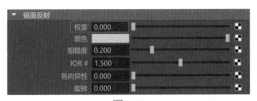

图6-68

07 设置完成后，玩具鸭子身体部分模型的线框材质在"材质查看器"面板中的显示效果如图6-69所示。

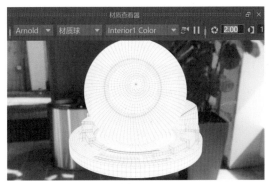

图6-69

08 在场景中选择玩具鸭子嘴部分模型，如图6-70所示。

图6-70

09 以同样的操作步骤为其制作线框材质，并更改Fill Color（填充颜色）为橙色，如图6-71所示。其中Fill Color的颜色参数设置如图6-72所示。

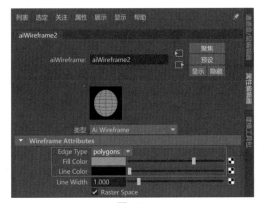

图6-71

图6-72

10 设置完成后，玩具鸭子嘴部分模型的线框材质在"材质查看器"面板中的显示效果如图6-73所示。

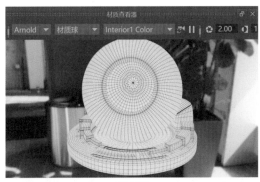

图6-73

11 渲染场景，本实例中玩具鸭子模型上的线框材质渲染效果如图6-74所示。

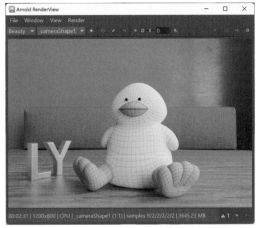

图6-74

6.4.2 实例：使用 aiNoise 和 aiCellNoise 制作陶瓷材质

本实例主要讲解如何使用aiNoise（噪波）纹理和aiCellNoise（细胞噪波）纹理制作陶瓷材质上的凹凸效果，完成的渲染效果如图6-75所示。

01 启动中文版Maya 2025软件，打开本书配套资源"陶瓷材质.mb"文件，本场景为一个简单的室内环境模型，桌上放置了一个罐子的模型，并且已经设置好了灯光及摄影机，如图6-76所示。

图6-75

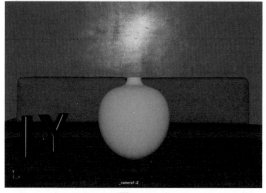

图6-76

02 选择场景中的罐子模型，如图6-77所示，单击"渲染"工具架的"标准曲面材质"图标，如图6-78所示，为所选择的模型添加标准曲面材质。

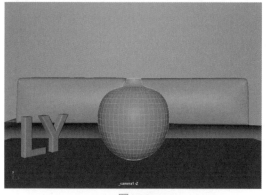

图6-77

图6-78

03 在"基础"卷展栏中，设置"颜色"为蓝色，如图6-79所示，其中，颜色的参数设置如图6-80所示。

04 在"镜面反射"卷展栏中，设置"粗糙度"为0.1，如图6-81所示。

05 设置完成后，蓝色陶瓷材质的渲染预览效果如图6-82所示。

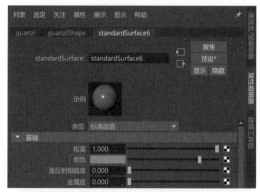

图6-79

图6-80

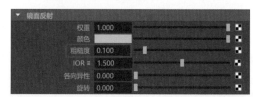

图6-81

图6-82

06 在"几何体"卷展栏中，单击"凹凸贴图"属性后面的方形按钮，如图6-83所示。

图6-83

07 在弹出的"创建渲染节点"对话框中单击aiNoise（噪波）属性，如图6-84所示。

08 在系统自动弹出的"连接编辑器"面板中，将左侧aiNoise1节点的outColorR属性与右侧bump2d1节点的bumpValue属性相关联，然后单击该面板下方右侧的"关闭"按钮，如图6-85所示。

图6-84

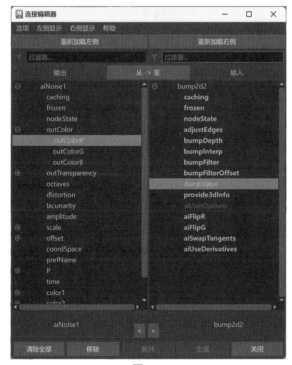

图6-85

09 设置完成后，蓝色陶瓷的渲染预览效果如图6-86所示。

10 在Noise Attributes（噪波属性）卷展栏中，设置Distortion（扭曲）为3，单击P后面的方形按钮，如图6-87所示。

图6-86

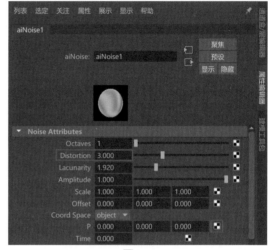

图6-87

11 在弹出的"创建渲染节点"对话框中单击aiCellNoise（细胞噪波）属性，如图6-88所示。

图6-88

12 设置完成后，蓝色陶瓷的渲染预览效果如图6-89所示。

图6-89

13 在aiCellNoise1选项卡中，取消勾选Additive（相加）复选框，设置Scale（缩放）为（0.5,0.5,0.5），如图6-90所示。

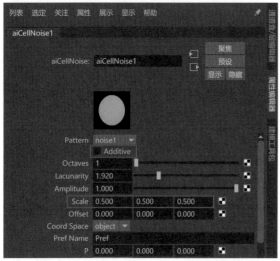

图6-90

14 渲染场景，本实例中罐子模型的陶瓷材质渲染效果如图6-91所示。

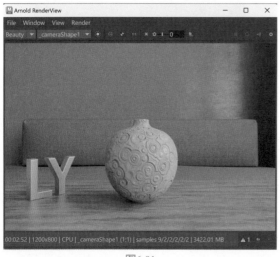

图6-91

技巧与提示：通过更改aiCellNoise（细胞噪波）纹理中的Pattern（图案）选项，如图6-92所示，我们还可以得到其他的凹凸图案效果，如图6-93和图6-94所示。

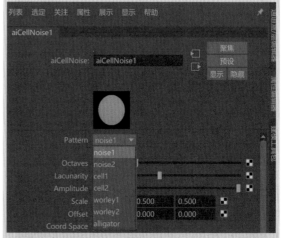

图6-92

图6-93

图6-94

读者也可以尝试直接将aiCellNoise（细胞噪波）纹理应用到"凹凸贴图"属性上，可以得到如图6-95～图6-98所示的渲染结果。

图6-95

图6-96

图6-97

图6-98

6.4.3 实例：使用 aiStandardVolume 和 aiNoise 制作烟雾材质

本实例主要讲解如何使用aiStandardVolume材

质和aiNoise（噪波）纹理将网格对象渲染成烟雾效果，完成的渲染效果如图6-99所示。

图6-99

01 启动中文版Maya 2025软件，打开本书配套资源"烟雾材质.mb"文件，本场景为一个简单的室内环境模型，桌上放置了一个狮子雕塑的模型，并且已经设置好了灯光及摄影机，如图6-100所示。

图6-100

02 选择场景中的狮子模型，如图6-101所示，单击"渲染"工具架的"标准曲面材质"图标，如图6-102所示，为所选择的模型添加标准曲面材质。

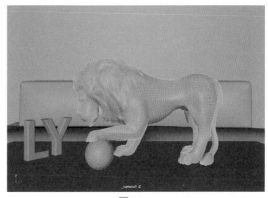

图6-101

图6-102

03 在"属性编辑器"选项卡中，单击"转到输出"按钮，如图6-103所示。

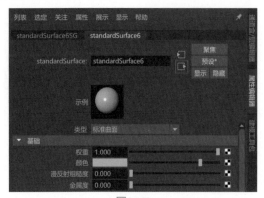

图6-103

04 在"着色组属性"卷展栏中，单击"体积材质"属性后面的方形按钮，如图6-104所示。

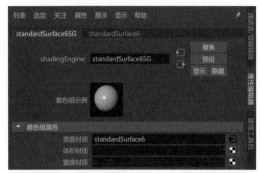

图6-104

05 在弹出的"创建渲染节点"对话框中单击aiStandardVolume（标准体积）属性，如图6-105所示。

图6-105

06 在Volume Attributes（体积属性）卷展栏中，设置Step Size（步大小）为0.1，如图6-106所示。

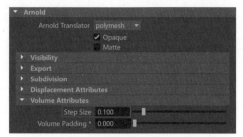

图6-106

07 设置完成后，场景的渲染预览效果如图6-107所示，可以看到现在狮子雕塑模型渲染出来的效果有点儿像半透明的烟雾效果。

图6-107

08 在Volume（体积）卷展栏中，设置Density（密度）为0.8。在Scatter（散开）卷展栏中，设置Color（颜色）为黄色，如图6-108所示，其中，Color（颜色）的参数设置如图6-109所示。

技巧与提示：Density（密度）值越小，烟雾看起来越淡，反之越浓。图6-110和图6-111所示分别为该值是0.5和3的渲染预览效果对比。

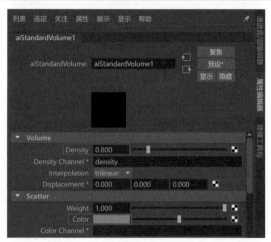

图6-108

图6-109

图6-110

图6-111

09 在Volume（体积）卷展栏中，单击Displacement（置换）属性后面的方形按钮，如图6-112所示。

图6-112

10 在弹出的"创建渲染节点"对话框中单击aiRange（范围）属性，如图6-113所示。

11 在"属性编辑器"面板中，设置Output Max（输出最大值）为10，再单击Input（输入）属性后面的方形按钮，如图6-114所示。

12 在弹出的"创建渲染节点"对话框中单击aiNoise（噪波）属性，如图6-115所示。

13 在Volume Attributes（体积属性）卷展栏中，设置Volume Padding（体积垫料）为10，如图6-116所示。

14 设置完成后，场景的渲染预览效果如图6-117所

示，可以看到现在烟雾的表面产生了明显的噪波效果。

图6-113

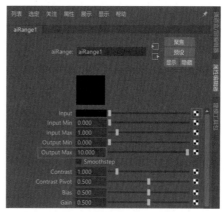

图6-114

图6-115

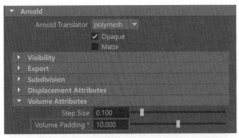

图6-116

图6-117

15 在Noise Attributes（噪波属性）卷展栏中，设置Distortion（扭曲）为5、Scale（缩放）为（0.1,0.1,0.1），如图6-118所示。

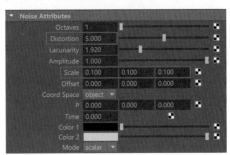

图6-118

16 渲染场景，本实例中狮子摆件的烟雾材质渲染效果如图6-119所示。

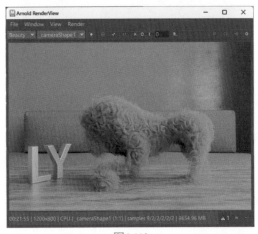

图6-119

6.4.4 实例：使用 aiRandom 制作随机颜色材质

本实例主要讲解如何使用aiRandom（随机）纹理为不同的积木模型添加随机的颜色效果，完成的渲染效果如图6-120所示。

图6-120

01 启动中文版Maya 2025软件，打开配套资源"随机颜色材质.mb"文件，本场景为一个简单的室内环境模型，桌上放置了一组积木模型，并且已经设置好了灯光及摄影机，如图6-121所示。

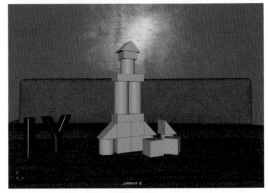

图6-121

02 选择场景中的所有积木模型，如图6-122所示。

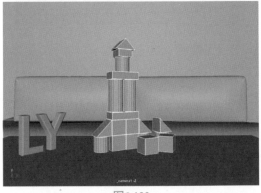

图6-122

03 在"建模工具包"面板中，可以看到这些积木模型一共是19个对象，如图6-123所示。

图6-123

04 单击"渲染"工具架的"标准曲面材质"图标，如图6-124所示，为所选择的模型添加标准曲面材质。

图6-124

05 在"基础"卷展栏中，单击"颜色"参数后面的方形按钮，如图6-125所示。

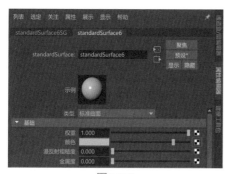

图6-125

06 在弹出的"创建渲染节点"对话框中单击aiRandom（随机）属性，如图6-126所示。

图6-126

07 在Random（随机）卷展栏中，设置Type（类型）为color（颜色）后，单击Color（颜色）后面的方形按钮，如图6-127所示。

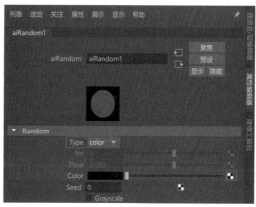

图6-127

08 在弹出的"创建渲染节点"对话框中单击aiUtility（实用程序）属性，如图6-128所示。

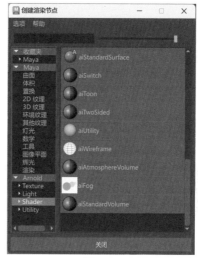

图6-128

09 在Utility Attributes（实用程序属性）卷展栏中，设置Shade Mode（阴影模式）为flat（平滑）、Color Mode（颜色模式）为Object ID（物体 ID），如图6-129所示。

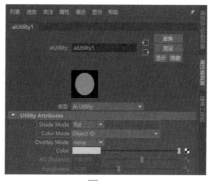

图6-129

10 设置完成后，场景的渲染预览效果如图6-130所示。我们可以看到场景中的19块积木模型赋予的是同一个材质，但是渲染出来的颜色是随机的。

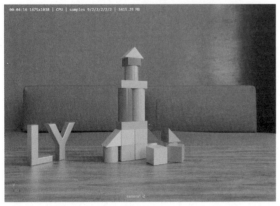

图6-130

11 在Random（随机）卷展栏中，设置Seed（种子）为30，如图6-131所示。

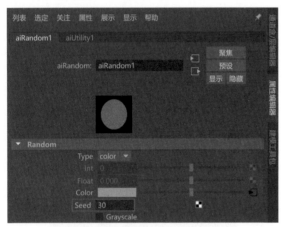

图6-131

12 渲染场景，本实例中积木的随机材质渲染效果如图6-132所示。

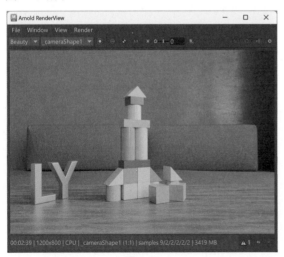

图6-132

技巧与提示：在Random（随机）卷展栏中，勾选Grayscale（灰度）复选框后，再调整Seed（种子）值，如图6-133所示，可以渲染出随机灰色效果，如图6-134所示。

图6-133

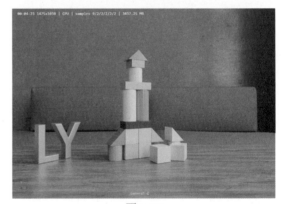

图6-134

6.4.5　实例：使用 aiUtility 制作多彩材质

本实例主要讲解如何使用aiUtility（实用程序）纹理制作多彩材质，完成的渲染效果如图6-135所示。

图6-135

01 启动中文版Maya 2025软件，打开本书配套资源"多彩材质.mb"文件，本场景为一个简单的室内环境模型，桌上放置了一只兔子摆件模型，并且已经设置好了灯光及摄影机，如图6-136所示。

图6-136

02 选择场景中的兔子模型，如图6-137所示。单击"渲染"工具架的"标准曲面材质"图标，如图6-138所示，为所选择的模型添加标准曲面材质。

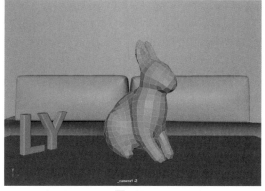

图6-137

图6-138

03 在"基础"卷展栏中，单击"颜色"参数后面的方形按钮，如图6-139所示。

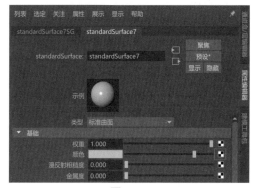

图6-139

04 在弹出的"创建渲染节点"对话框中单击aiWireframe（线框）属性，如图6-140所示。

图6-140

05 在Wireframe Attributes（线框属性）卷展栏中，设置Edge Type（边类型）为polygons（多边形）、Line Color（线颜色）为白色，然后再单击Fill Color（填充颜色）右侧的方形按钮，如图6-141所示。

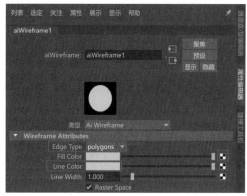

图6-141

06 在弹出的"创建渲染节点"对话框中单击aiRandom（随机）属性，如图6-142所示。

07 在Random（随机）卷展栏中，设置Type（类型）为color（颜色）后，单击Color（颜色）后面的方形按钮，如图6-143所示。

08 在弹出的"创建渲染节点"对话框中单击aiUtility（实用程序）属性，如图6-144所示。

09 在Utility Attributes（实用程序属性）卷展栏中，设置Shade Mode（阴影模式）为flat（平滑）、Color Mode（颜色模式）为Primitive ID（原始 ID），如图6-145所示。

图6-142

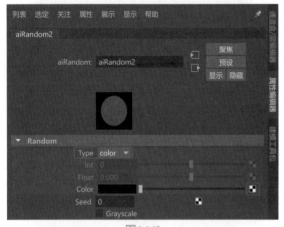

图6-143

图6-144

图6-145

10 设置完成后，场景的渲染预览效果如图6-146所示。

图6-146

11 在Utility Attributes（实用程序属性）卷展栏中，设置Color Mode（颜色模式）为Uniform ID（一致ID），如图6-147所示。

图6-147

12 设置完成后，场景的渲染预览效果如图6-148所示。

技巧与提示：读者可以自行尝试更改Color Mode（颜色模式）的选项，以得到其他有趣的渲染结果，如图6-149和图6-150所示。

图6-148

图6-149

图6-150

13 在Wireframe Attributes（线框属性）卷展栏中，设置Line Color（线颜色）为黄色、Line Width（线宽）为5，如图6-151所示。

图6-151

14 渲染场景，本实例中兔子摆件的多彩材质渲染效果如图6-152所示。

图6-152

6.4.6　实例：使用"平面映射"制作摆台材质

本实例主要讲解如何使用"平面映射"工具为摆台模型指定贴图UV坐标，完成的渲染效果如图6-153所示。

图6-153

01 启动中文版Maya 2025软件，打开本书配套资源"摆台材质.mb"文件，本场景为一个简单的室内环境模型，桌上放置了一个摆台模型，并且已经设置好了灯光及摄影机，如图6-154所示。

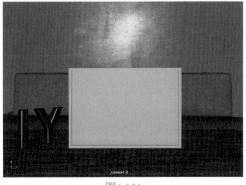

图6-154

02 选择场景中的摆台模型，如图6-155所示，单击"渲染"工具架的"标准曲面材质"图标，如图6-156所示，为所选择的模型添加标准曲面材质。

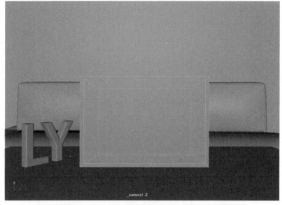

图6-155

图6-156

03 首先，制作摆台相框的材质。展开"基础"卷展栏，设置"颜色"为深灰色，如图6-157所示。

图6-157

04 接下来，制作摆台内的图片材质，选择如图6-158所示的面。再次单击"渲染"工具架上的"标准曲面材质"图标，为所选择的面重新指定标准曲面材质。

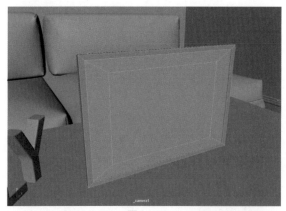

图6-158

05 在"基础"卷展栏中，单击"颜色"属性后面的方形按钮，如图6-159所示。

06 在弹出的"创建渲染节点"对话框中单击"文件"属性，如图6-160所示。

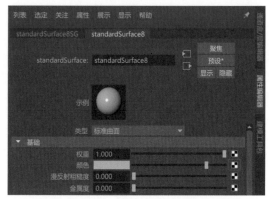

图6-159

图6-160

07 在"文件属性"卷展栏中，为"图像名称"指定"AI风景画.png"贴图文件，如图6-161所示。

图6-161

技巧与提示：本例使用的图像使用AI软件Stable Diffusion进行制作，读者可以阅读本章相关内容进行学习。

08 在"透视视图"中，观察模型默认的贴图效果，如图6-162所示。接下来，我们需要给模型添加UV贴图坐标来控制贴图的方向和位置。

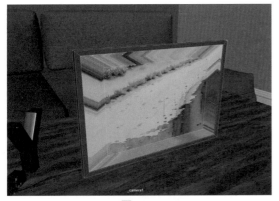

图6-162

09 单击"UV编辑"工具架上的"平面映射"图标，如图6-163所示，为所选择的面添加平面形状的UV纹理坐标，如图6-164所示。

图6-163

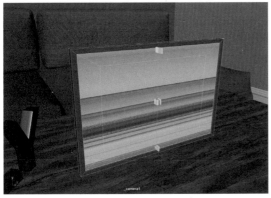

图6-164

10 在"投影属性"卷展栏中，设置"投影宽度"为22，设置"旋转"为（0,0,0），如图6-165所示。

图6-165

11 设置完成后，在"透视视图"中观察照片的贴图效果，如图6-166所示。

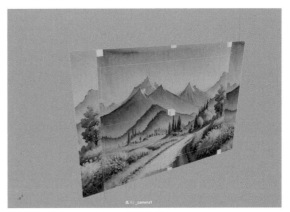

图6-166

12 接下来，在视图中调整UV的边框大小至图6-167所示，完成图片模型UV纹理坐标的设置。

图6-167

13 在"2D纹理放置属性"卷展栏中，取消勾选"U向折回"和"V向折回"复选框，如图6-168所示。

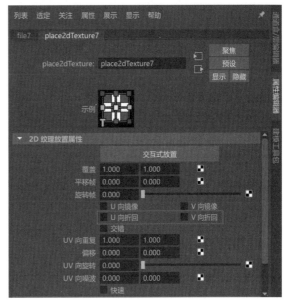

图6-168

14 在"颜色平衡"卷展栏中，设置"默认颜色"

为白色，这样图片的边框色将会更改为白色，如
图6-169所示。

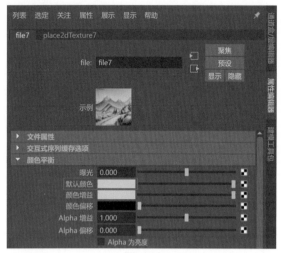

图6-169

15 设置完成后，摆台模型在场景中的贴图显示结果
如图6-170所示。

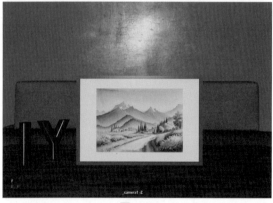

图6-170

16 渲染场景，本实例中摆台模型上的材质渲染效果
如图6-171所示。

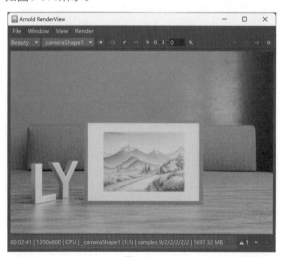

图6-171

6.4.7 实例：使用"UV编辑器"制作图书材质

本实例主要讲解使用"UV编辑器"为书本模型指
定贴图UV坐标，完成的渲染效果如图6-172所示。

图6-172

01 启动中文版Maya 2025软件，打开本书配套资源
"图书材质.mb"文件，本场景为一个简单的室内环
境模型，桌上放置了一本图书的模型，并且已经设置
好了灯光及摄影机，如图6-173所示。

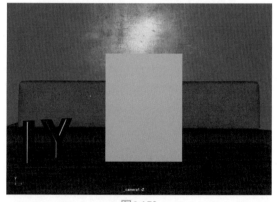

图6-173

02 选择场景中的图书模型，如图6-174所示，单
击"渲染"工具架的"标准曲面材质"图标，如
图6-175所示，为所选择的模型添加标准曲面材质。

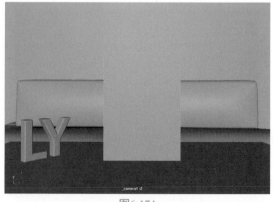

图6-174

图6-175

03 在"基础"卷展栏中,单击"颜色"参数后面的方形按钮,如图6-176所示。

图6-176

04 在弹出的"创建渲染节点"对话框中单击"文件"属性,如图6-177所示。

图6-177

05 在"文件属性"卷展栏的"图像名称"通道上加载一张"图书.png"贴图文件,如图6-178所示。

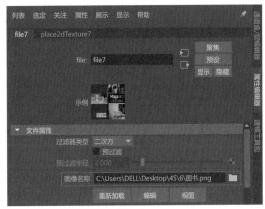

图6-178

06 选择图书模型,单击"UV编辑"工具架上的"UV编辑器"图标,如图6-179所示。系统会自动弹出"UV编辑器"面板,如图6-180所示。

07 在"UV工具包"面板内,展开"切割和缝合"卷展栏,单击"切割工具"按钮,如图6-181所示。在"UV编辑器"面板中,将模型每个面之间的连接断开,如图6-182所示。

08 在"选择"卷展栏中,单击"UV选择"按钮,如图6-183所示。在"UV编辑器"面板中调整好封皮的贴图坐标至图6-184所示。

图6-179

图6-180

图6-181

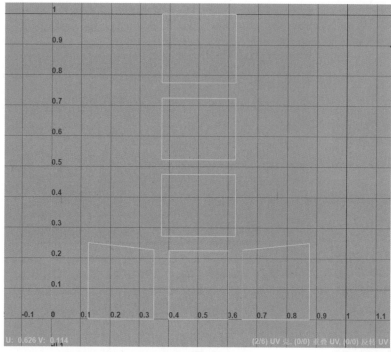

图6-182

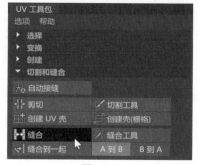

图6-183

图6-184

09 选择如图6-185所示的两条边线，单击"缝合"按钮，如图6-186所示，即可将选中的两条边线进行缝合。

图6-185

图6-186

10 以同样的操作步骤缝合书脊位置处的另外两条边线，使用"移动工具"和"缩放工具"调整图书的UV坐标至图6-187所示。

图6-187

11 设置完成后，观察场景中的图书模型贴图显示结果，如图6-188所示。

图6-188

12 接下来，参考6.4.6节实例的制作方法，为图书模型的书页部分单独指定一个标准曲面材质，如图6-189所示。

图6-189

13 渲染场景，本实例中图书模型上的材质渲染效果如图6-190所示。

图6-190

第7章
动画技术

7.1 动画概述

　　动画是一门集合了漫画、电影、数字媒体等多种艺术形式的综合艺术，也是一门年轻的学科，经过了100多年的历史发展，已经形成了较为完善的理论体系和多元化产业，其独特的艺术魅力深受广大人民的喜爱。在本书中，动画仅狭义地理解为使用Maya软件来设置对象的形变及运动过程。迪士尼公司早在20世纪30年代左右就提出了著名的"动画12原理"，这些原理不但适用于定格动画、黏土动画、二维动画，也同样适用于三维计算机动画。使用中文版Maya 2025软件创作的虚拟元素与现实中的对象合成在一起可以带给观众超强的视觉感受和真实体验。读者在学习本章内容之前，建议阅读相关书籍并掌握一定的动画基础理论，这样非常有助于我们制作出更加令人信服的动画效果。图7-1和图7-2所示均为使用Maya软件制作完成的建筑在不同时间下的光影动画效果。

图7-1

图7-2

7.2 关键帧动画

　　关键帧动画是三维软件动画技术中最常用的，也是最基础的动画设置技术。说简单些，就是在物体动画的关键时间点上来进行设置数据记录，软件则根据这些关键点上的数据设置来完成中间时间段内的动画计算，这样一段流畅的三维动画就制作完成了。在"动画"工具架上可以找到有关关键帧的工具图标，如图7-3所示。

图7-3

工具解析

● ▶ 播放预览：通过屏幕捕获帧预览动画。

● 运动轨迹：显示出所选对象的运动轨迹。

● 运动轨迹编辑器：打开"运动轨迹编辑器"面板。

● 重影：为选定对象生成重影效果。

- 取消重影：将选定对象的重影效果取消。
- 重影编辑器：打开"重影编辑器"面板。
- 烘焙动画：为所选对象的动画烘焙关键帧动画。
- 设置关键帧：选择好要设置关键帧的对象来设置关键帧。
- 设置动画关键帧：为已经设置好动画的通道设置关键帧。
- 设置平移关键帧：为选择的对象设置平移属性关键帧。
- 设置旋转关键帧：为选择的对象设置旋转属性关键帧。
- 设置缩放关键帧：为选择的对象设置缩放属性关键帧。

7.2.1 基础知识：创建关键帧动画

本例主要演示创建关键帧动画、更改关键帧位置、删除关键帧、设置动画正常播放速度、添加书签的操作方法。

01 启动中文版Maya 2025软件，单击"多边形建模"工具架上的"多边形球体"图标，如图7-4所示。

图7-4

02 在场景中创建一个球体模型，如图7-5所示。

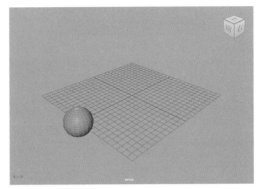

图7-5

03 在1帧位置处，在"通道盒/层编辑器"面板中选中"平移X""平移Y"和"平移Z"属性，如图7-6所示。右击并在弹出的快捷菜单中执行"为选定项设置关键帧"命令，如图7-7所示。

04 设置完成后，可以看到这3个属性后面会出现红色的方形标记，代表对应属性已经设置了关键帧，如图7-8所示。

图7-6

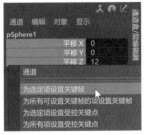

图7-7

图7-8

05 在50帧位置处，移动球体模型的位置至图7-9所示。

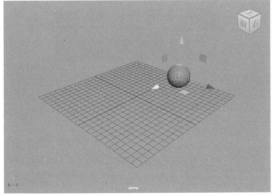

图7-9

06 以同样的操作方式再次为球体的"平移X""平移Y"和"平移Z"属性设置关键帧，如图7-10所示。这样，一个简单的位移动画就制作完成了。

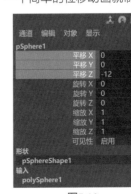

图7-10

07 单击"向前播放"按钮，如图7-11所示，可以看到现在球体的运动效果给人的感觉非常快速。这时，需要设置场景的动画播放速度。

图7-11

08 在"时间滑块"上右击，在弹出的快捷菜单中执行"播放速度"|"以最大实时速度播放每一帧"命令，如图7-12所示。设置完成后，再次播放场景动画，这时动画才会以正常播放速度进行播放。

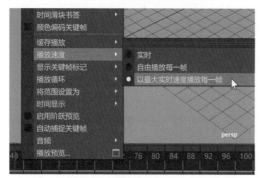

图7-12

09 关键帧的位置是可以更改的，两个关键帧之间的位置越远，动画播放效果给人的感觉就会越缓慢，反之亦然。按住Shift键，单击50位置处的关键帧，即可选择该关键帧，将其移动至60帧位置处，如图7-13所示。

图7-13

技巧与提示： 选择关键帧时，需要按住Shift键单击或拖动鼠标左键才能选择单个关键帧或连续的多个关键帧。

10 如果想要删除该关键帧，可以在"时间滑块"上右击，在弹出的快捷菜单中执行"删除"命令，如图7-14所示。

11 中文版Maya 2025还为动画师提供了"书签"功能，用于在"时间滑块"上标记哪些帧是做什么用的，该功能类似标注的作用。按住Shift键，在"时间滑块"上选择如图7-15所示的区域。

12 单击"书签"按钮，如图7-16所示。在弹出的"创建书签"对话框中，可以为书签创建一个名称并选择一个任意的颜色，单击"创建"按钮，如图7-17所示。

图7-14

图7-15　　　　图7-16

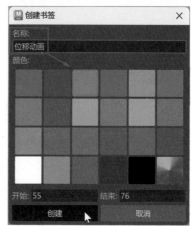

图7-17

13 设置完成后，将光标移动至该书签上，则会显示出该书签的名称及范围，如图7-18所示。

图7-18

7.2.2　实例：使用"平面映射"制作文字消失动画

本实例将使用"平面映射"制作一个文字慢慢消失的动画效果，图7-19所示为本实例的最终完成效果。

图7-19

01 启动中文版Maya 2025软件，并打开本书配套资源"文字.mb"文件，可以看到场景中有一个文字模型，如图7-20所示。

图7-20

02 场景已经设置好了材质及灯光，渲染预览效果如图7-21所示。

图7-21

03 选择场景中的文字模型，在"几何体"卷展栏中，单击"不透明度"后面的方向按钮，如图7-22所示。

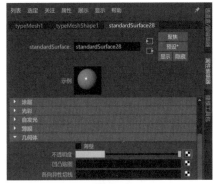

图7-22

04 在弹出的"创建渲染节点"对话框中，单击"渐变"属性，如图7-23所示。

图7-23

05 在"渐变属性"卷展栏中，设置渐变色至图7-24所示。

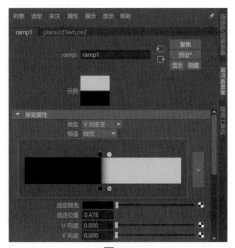

图7-24

06 选择文字模型，单击"UV编辑"工具架上的"平面映射"图标，如图7-25所示。

图7-25

07 在"投影属性"卷展栏中，设置"旋转"为（0,0,90），设置"投影宽度"为2、"投影高度"为12，如图7-26所示。

图7-26

08 设置完成后，文字模型的视图显示效果如图7-27所示。

图7-27

09 在1帧位置处，设置"投影中心X"为3.5，并为其设置关键帧，如图7-28所示。

图7-28

10 在50帧位置处，设置"投影中心X"为-3.5，并再次为其设置关键帧，如图7-29所示。

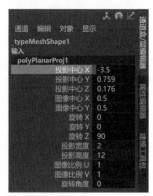

图7-29

11 设置完成后，播放动画，本实例制作完成后的动画效果如图7-30所示。

图7-30

图7-30（续）

图7-31（续）

图7-32

7.2.3 实例：使用"表达式"制作小球滚动动画

本实例将使用"表达式"制作一个小球滚动的动画效果，图7-31所示为本实例的最终完成效果。

01 启动中文版Maya 2025软件，并打开本书配套资源"小球.mb"文件，可以看到场景中有一个球体模型，如图7-32所示。

图7-31

02 在"多边形球体历史"卷展栏中，可以观察到该球体的"半径"为1，如图7-33所示。

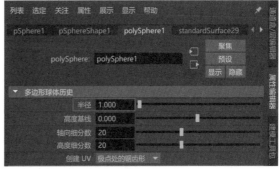

图7-33

03 在"通道盒/层编辑器"选项卡中，可以观察到球体的变换相关属性，如图7-34所示。

04 小球在滚动的同时，球体随着位置的变换自身还会产生旋转动画，为了保证球体在移动时所产生的旋转动作不会产生打滑现象，需要使用表达式来进行动

64000

画的设置。将光标放置于"平移"属性的X值上，右击并在弹出的快捷菜单中执行"创建新表达式"命令，如图7-35所示。

图7-34

图7-35

05 在弹出的"表达式编辑器"面板中，将代表球体X方向位移属性的表达式复制下来，如图7-36所示。

图7-36

06 同理，找到代表球体半径的表达式，如图7-37所示。

07 在"旋转"属性的Z值上右击，在弹出的快捷菜单中执行"创建新表达式"命令，如图7-38所示。

图7-37

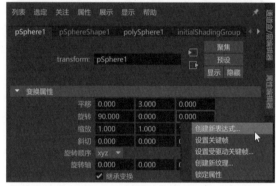

图7-38

08 在弹出的"表达式编辑器"面板中，在"表达式"文本框内输入：pSphere1.rotateZ=-pSphere1.translateX/polySphere1.radius*180/3.14后，再单击"创建"按钮，如图7-39所示。

图7-39

09 设置完成后，可以看到现在小球"旋转"属性的Z值背景色呈紫色显示状态，如图7-40所示，这说明该参数现在受到其他参数的影响。

图7-40

10 设置完成后，在"属性编辑器"选项卡中，可以看到现在小球还多了一个名称为expression1的选项卡，如图7-41所示。现在在场景中慢慢沿X轴移动小球，则可以看到小球会产生正确的自旋效果。

图7-41

11 在1帧位置处，选择球体模型，在"通道盒/层编辑器"选项卡中为"平移X"属性设置关键帧，设置完成后，"平移X"属性后面会出现红色方形标记，如图7-42所示。

图7-42

12 在100帧位置处，移动球体模型的位置至图7-43所示，并再次为"平移X"属性设置关键帧，如图7-44所示。

13 设置完成后，播放场景动画，可以看到随着小球的移动，球体还会自动产生自旋动画效果，如图7-45所示。

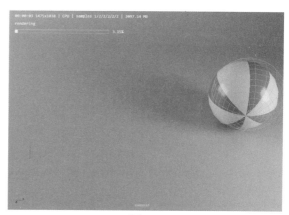

图7-43

图7-44

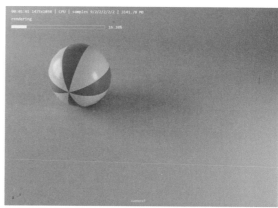

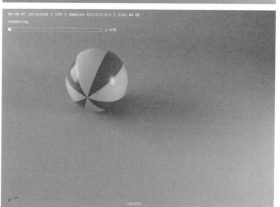

图7-45

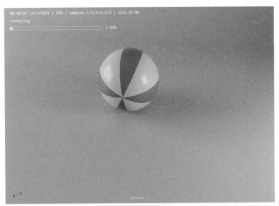

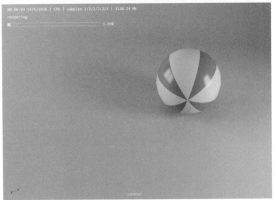

图7-45（续）

7.2.4 实例：使用"分组"制作盒子翻滚动画

本实例将使用"分组"制作一个盒子翻滚的动画效果，图7-46所示为本实例的最终完成效果。

图7-46

图7-46（续）

01 启动中文版Maya 2025软件，并打开配套资源"盒子.mb"文件，里面有一个盒子模型，如图7-47所示。

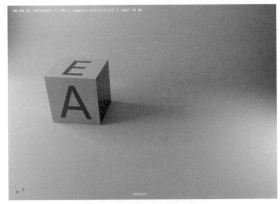

图7-47

02 在"工具栏"上单击"捕捉到点"按钮，开启Maya的捕捉到点功能，如图7-48所示。

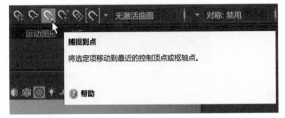

图7-48

技巧与提示：捕捉到点的快捷键是V。

03 选择场景中的盒子模型，按D键，移动盒子的坐标轴至图7-49所示的顶点位置处。

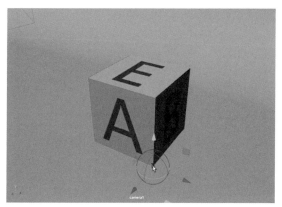

图7-49

04 在1帧位置处，单击"动画"工具架上的"设置旋转关键帧"图标，如图7-50所示。

图7-50

05 设置完成后，观察"变换属性"卷展栏中的"旋转"属性，可以看到设置了动画关键帧之后，该参数背景色显示为红色，如图7-51所示。

图7-51

06 在12帧位置处，将场景中的盒子模型旋转至图7-52所示，再次单击"动画"工具架上的"设置旋转关键帧"图标设置关键帧，制作出盒子翻滚的动画效果。

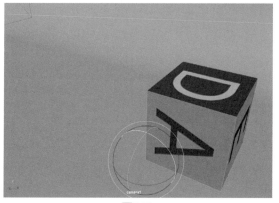

图7-52

07 继续制作盒子往前翻滚的动画。这时，需要读者注意的是，盒子如果再往前翻滚，不能像刚才的操作那样直接更改盒子的坐标轴。

08 在场景中选择盒子模型，按Ctrl+G快捷键，对盒子执行"分组"操作，同时，在"大纲视图"面板中观察盒子模型执行了"分组"操作之后的层级关系，如图7-53所示。

图7-53

09 对新建的组更改坐标轴，不会对之前的盒子旋转动画产生影响。按D键，移动组的坐标轴至图7-54所示的顶点位置处。

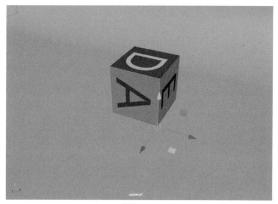

图7-54

10 在12帧位置处，对组的"旋转"属性设置关键帧，如图7-55所示。

图7-55

11 设置完成后，移动时间帧至24帧，将场景中的盒子模型旋转至图7-56所示，再次设置关键帧，制作出盒子翻滚的动画效果。

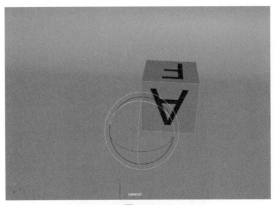

图7-56

12 重复以上步骤，即可制作出盒子在地面上不断翻滚的动画效果，如图7-57所示。

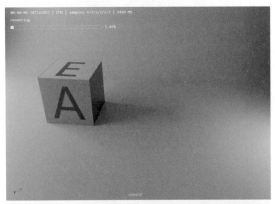

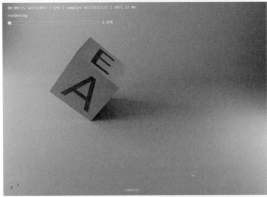

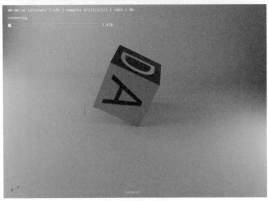

图7-57

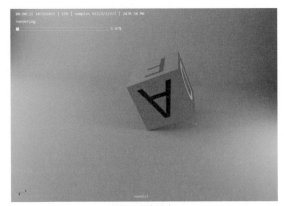

图7-57（续）

7.3 约束动画

中文版Maya 2025提供了一系列的"约束"命令供用户解决复杂的动画设置制作，用户可以在"动画"工具架或"绑定"工具架上找到这些图标，如图7-58所示。

图7-58

工具解析

- ▪父约束：将一个对象的变换属性约束到另一个对象上。
- ▪点约束：将一个对象的位置约束到另一个对象上。
- ▪方向约束：将一个对象的方向约束到另一个对象上。
- ▪缩放约束：将一个对象的缩放比例约束到另一个对象上。
- ▪目标约束：设置一个对象的方向始终朝向另一个对象。
- ▪极向量约束：约束IK控制柄始终跟随另一个对象的位置。

7.3.1 基础知识：设置父约束

本例主要演示设置父约束的操作方法。

01 启动中文版Maya 2025软件，单击"多边形建模"工具架上的"多边形球体"图标，如图7-59所示。

图7-59

02 在场景中创建一个球体模型，如图7-60所示。

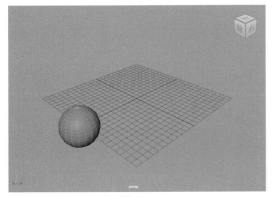

图7-60

03 按住Shift键，配合"移动工具"在场景中复制一个球体模型，并调整其位置至图7-61所示。

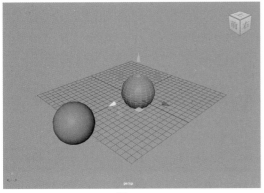

图7-61

04 先选择创建的第一个球体，按Shift键加选场景中的第二个球体，如图7-62所示。

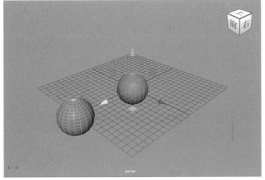

图7-62

技巧与提示：当用户在Maya软件中选中多个对象时，最后一个被选中对象的线框颜色为绿色显示状态。

05 单击"动画"工具架上的"父约束"图标，如图7-63所示，即可将后选择的球体父约束至先选择的球体模型上。

图7-63

06 在"大纲视图"面板中，可以看到场景中的第二个球体模型名称下方出现的约束对象，如图7-64所示。

图7-64

07 在场景中尝试对第一个球体进行位移操作，可以看到第二个球体的位置也会随之发生变化，如图7-65所示。

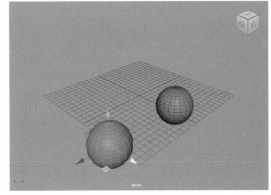

图7-65

08 如果对第一个球体进行旋转操作，第二个球体也会受其影响产生相应的角度变化，如图7-66所示。

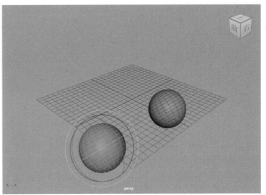

图7-66

7.3.2 实例：使用"方向约束"制作汽车行驶动画

本实例将使用"方向约束"制作汽车行驶的动画效果，图7-67所示为本实例的最终完成效果。

图7-67

01 打开本书配套场景资源文件"汽车.mb"，里面有一辆汽车模型，并且设置好了材质，如图7-68所示。

02 单击"绑定"工具架上的"创建定位器"图标，如图7-69所示，在场景中创建一个定位器。

图7-68

图7-69

03 调整定位器的位置至汽车模型的上方，如图7-70所示。

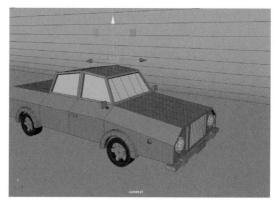

图7-70

04 先选择汽车车身及轮子模型，最后加选定位器，如图7-71所示。按P键，即可将汽车车身及轮子模型设置为定位器的子对象。

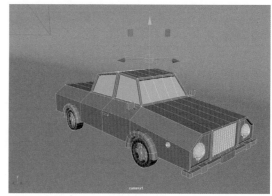

图7-71

05 设置完成后，在"大纲视图"面板中可以看到汽车的车身及轮子模型与定位器的上下层级关系，如图7-72所示。

图7-72

06 选择汽车前轮模型，如图7-73所示。

图7-73

07 在1帧位置处，为"旋转Z"属性设置关键帧，如图7-74所示。

图7-74

08 在20帧位置处，设置"旋转Z"为-90，并再次为其设置关键帧，如图7-75所示。

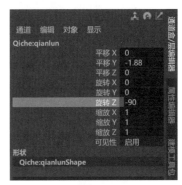

图7-75

09 执行"窗口"|"动画编辑器"|"曲线图编辑器"命令，即可在弹出的"曲线图编辑器"面板中查看刚刚制作完成旋转动画的车轮动画曲线，如图7-76所示。

10 单击"线性切线"图标，即可改变轮子模型的动画曲线效果至图7-77所示。

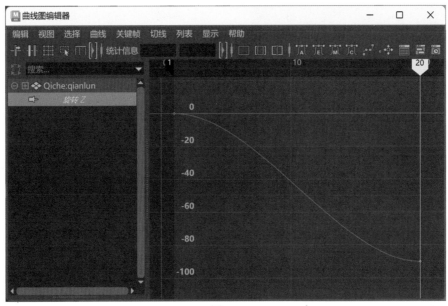

图7-76

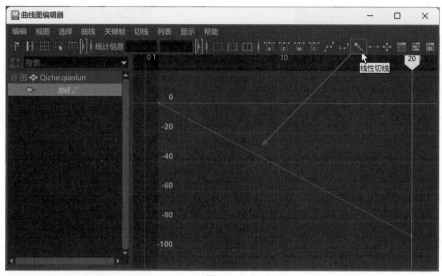

图7-77

11 执行"曲线"|"后方无限"|"带偏移的循环"命令，如图7-78所示。设置完成后，播放动画，即可看到汽车前轮一直不断地进行旋转。

图7-78

12 先选择汽车前轮模型，再加选汽车后轮模型，如图7-79所示。

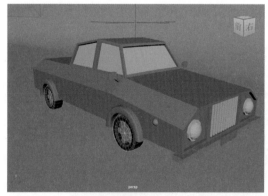

图7-79

13 单击"动画"工具架上的"方向约束"图标，如图7-80所示，即可将后选择的后轮模型方向约束至先选择的前轮模型上。

图7-80

14 选择定位器，在1帧位置处，为"位移X"属性设置关键帧，如图7-81所示。

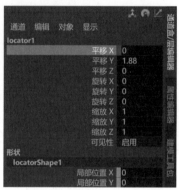

图7-81

15 在100帧位置处，设置"位移X"为5，并再次为其设置关键帧，如图7-82所示。

图7-82

16 在"曲线图编辑器"面板中，将定位器的动画曲线更改为直线，如图7-83所示。

17 播放场景动画，本实例的最终动画效果如图7-84所示。

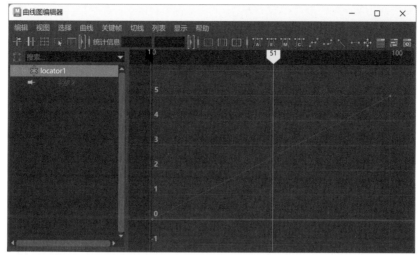

图7-83

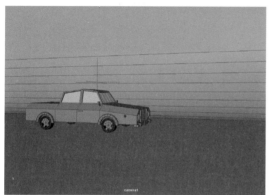

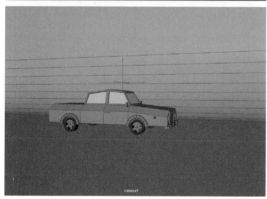

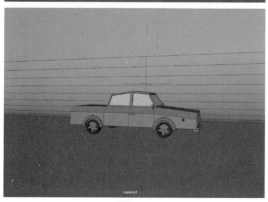

图7-84

图7-84（续）

7.3.3 实例：使用"连接到运动路径"制作飞机飞行动画

本实例将使用"连接到运动路径"制作飞机飞行的动画效果，图7-85所示为本实例的最终完成效果。

01 启动中文版Maya 2025软件，打开配套资源场景文件"飞机.mb"，里面有一架飞机模型，如图7-86所示。

图7-85

图7-85（续）

图7-86

02 单击"绑定"工具架中的"创建定位器"图标，如图7-87所示，在场景中创建一个定位器。

图7-87

03 调整定位器的位置至图7-88所示。

04 单击"曲线"工具架上的"EP曲线工具"图标，

如图7-89所示。在"顶视图"中绘制一条曲线作为飞机飞行的路径，如图7-90所示。

图7-88

图7-89

图7-90

05 先选择定位器，再加选曲线，执行"约束"|"运动路径"|"连接到运动路径"命令，即可将定位器路径约束至曲线上，如图7-91所示。

图7-91

06 在1帧位置处，先选择飞机模型，再加选定位器，按P键，将飞机模型设置为定位器的子对象，如

图7-92所示。

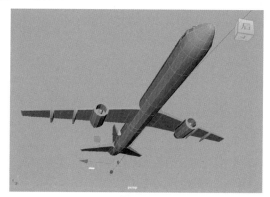

图7-92

07 设置完成后，播放动画，本实例的最终动画效果如图7-93所示。

图7-93

图7-93（续）

7.3.4 实例：使用"点约束"制作文具盒打开动画

本实例使用"点约束"制作文具盒打开的动画效果，图7-94所示为本实例的最终完成效果。

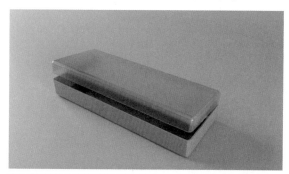

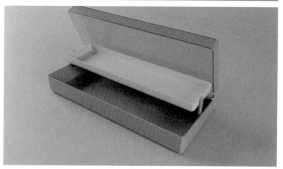

图7-94

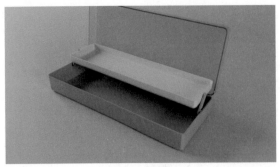

图7-94（续）

01 启动中文版Maya 2025软件，打开本书配套资源场景文件"文具盒.mb"，里面有一个双层文具盒的模型，如图7-95所示。

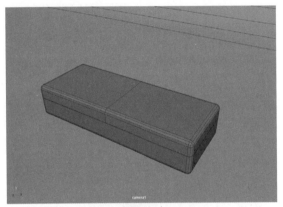

图7-95

02 选择文具盒盖子上如图7-96所示的顶点。

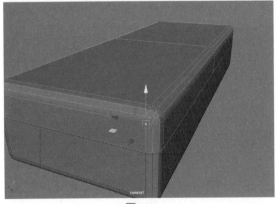

图7-96

03 执行"约束"｜"铆钉"命令，即可在所选择顶点附近的位置处创建一个定位器，如图7-97所示。

04 在"右视图"中，调整定位器的位置至图7-98所示。

05 先选择定位器，再加选文具盒里面的夹层模型，如图7-99所示。

06 单击"绑定"工具架上的"点约束"图标，如图7-100所示。

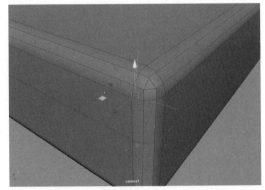

图7-97

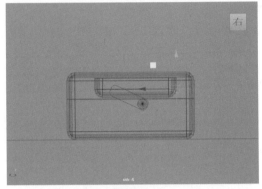

图7-98

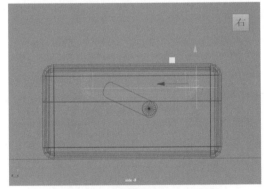

图7-99

图7-100

07 设置完成后，旋转文具盒盖子模型，可以看到里面的夹层也会随之产生位移效果，如图7-101所示。

> **技巧与提示：现在我们仍然可以通过调整定位器的位置来更改夹层的高度。**

08 在0帧位置处，在"通道盒/层编辑器"选项卡中，设置"旋转X"为0，并为其设置关键帧，这时，可以看到"旋转X"属性后会出现红色的方形标记，如图7-102所示。

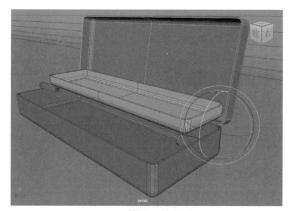

图7-101

图7-102

09 在80帧位置处，在"通道盒/层编辑器"面板中，设置"旋转X"为-100，并再次为其设置关键帧。选择"旋转Y"和"旋转Z"属性，将其锁定，这时，可以看到这两个属性后面会出现蓝灰色的方形标记，如图7-103所示。制作出文具盒打开的动画效果。

图7-103

10 先选择文具盒盖子模型，再加选夹层支架模型，如图7-104所示。

11 单击"绑定"工具架上的"方向约束"图标，如图7-105所示。

12 设置完成后，夹层支架的旋转角度如图7-106所示。

13 在场景中微调定位器和夹层支架的位置后，文具盒的打开效果如图7-107所示。

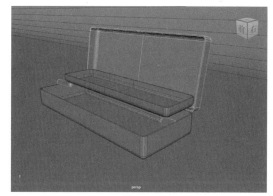

图7-104

图7-105

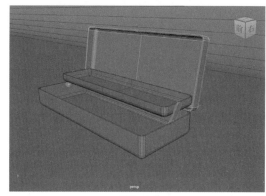

图7-106

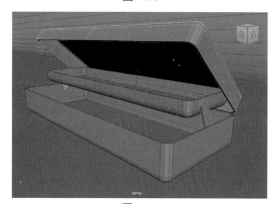

图7-107

14 在"曲线"工具架上单击"NURBS圆形"图标，如图7-108所示。在场景中创建一个圆形，作为文具盒的移动控制器。

图7-108

15 先选择场景中的文具盒模型，再加选圆形图形，如图7-109所示。按P键，为其设置父子关系。

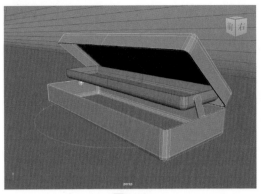

图7-109

16 先选择文具盒底部模型，再加选文具盒夹层模型，如图7-110所示。

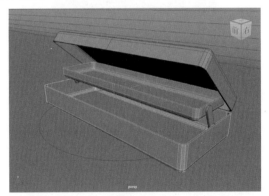

图7-110

17 单击"绑定"工具架上的"方向约束"图标，如图7-111所示。

图7-111

18 设置完成后，本实例动画的最终完成效果如图7-112所示。

技巧与提示：本实例中使用了3个约束工具，分别是铆钉、点约束和方向约束。

图7-112

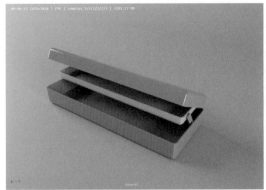

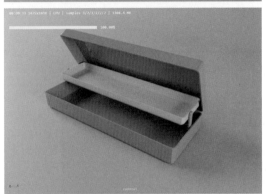

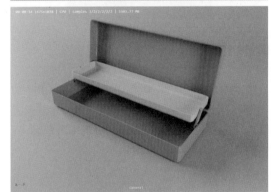

图7-112（续）

7.4
骨架动画

中文版Maya 2025提供了一系列与骨架动画设置有关的工具图标，用户可以在"绑定"工具架上找到这些图标，如图7-113所示。

图7-113

工具解析

● *创建定位器：单击以创建一个定位器。

- <创建关节：单击以创建关节。
- <创建IK控制柄：单击在关节上创建IK控制柄。
- <绑定蒙皮：为角色设置绑定蒙皮。
- 快速绑定：单击可以打开"快速绑定"面板。
- Human IK：显示角色控制面板。

7.4.1 实例：使用"关节"制作台灯绑定装置

本实例将使用"关节"制作台灯绑定的动画效果，图7-114所示为本实例的最终完成效果。

图7-114

01 启动中文版Maya 2025软件，打开本书配套资源"台灯.mb"文件，里面有一个台灯模型，如图7-115所示。

图7-115

02 单击"绑定"工具架上的"创建关节"图标，如图7-116所示。

图7-116

03 在"右视图"中如图7-117所示位置处，为台灯的支撑部分创建骨架。

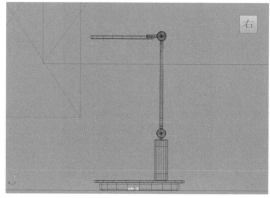

图7-117

04 单击"绑定"工具架上的"创建IK控制柄"图标，如图7-118所示。

图7-118

05 在场景中单击骨架的两个端点，创建出骨架的IK控制柄，如图7-119所示。

06 单击"曲线"工具架上的"NURBS圆形"图标，如图7-120所示，在场景中创建一个圆形。

07 在"通道盒/层编辑器"选项卡中，设置"平移X""平移Y""平移Z"均为0、"半径"为1.5，如图7-121所示。

图7-119

图7-120

图7-121

08 设置完成后，圆形在视图中的显示效果如图7-122所示。

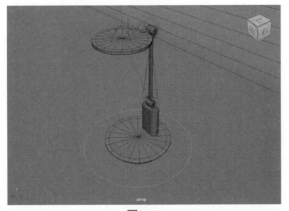

图7-122

09 以同样的方式再次创建一个圆形，在"通道盒/层编辑器"选项卡中，设置"平移X"为0、"平移Y"为3、"平移Z"为0.35、"半径"为1，如图7-123所示。

图7-123

10 在场景中先选择台灯灯盘位置处的圆形，再加选IK控制柄，如图7-124所示。

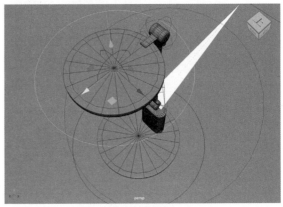

图7-124

11 单击"绑定"工具架上的"父约束"图标，如图7-125所示。

图7-125

12 选择场景中如图7-126所示的模型，将其设置为台灯底座位置处圆形的子对象。

13 先选择场景中的骨架，再加选灯盘模型，如图7-127所示。

14 单击"绑定"工具架上的"绑定蒙皮"图标，如图7-128所示，对灯盘模型进行蒙皮操作。

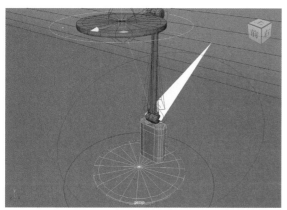

图7-126

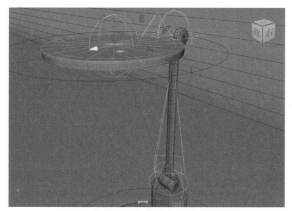

图7-127

图7-128

15 先选择场景中的骨架，再加选灯架模型，如图7-129所示。单击"绑定"工具架上的"绑定蒙皮"图标，对灯架模型进行蒙皮操作。

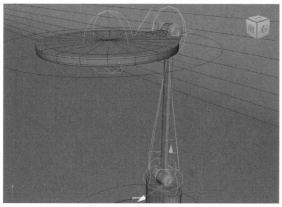

图7-129

16 选择灯盘位置处的圆形，如图7-130所示。

17 单击"多边形建模"工具架上的"冻结变换"图标，如图7-131所示。

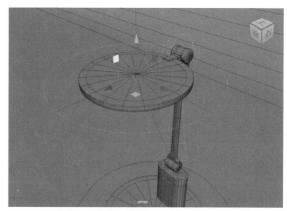

图7-130

图7-131

18 选择灯盘模型，如图7-132所示。

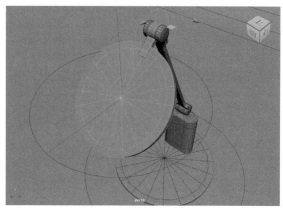

图7-132

19 双击"绑定"工具架上的"绘制蒙皮权重"图标，如图7-133所示。

图7-133

20 在弹出的"工具设置"面板中，选择控制灯盘模型的骨架，并设置"剖面"为"硬笔刷"，如图7-134所示。

21 在场景中对灯盘模型绘制蒙皮权重，如图7-135所示。

22 以同样的操作步骤对灯架模型也进行绘制蒙皮权重，如图7-136所示。

23 单击"绑定"工具架上的"创建定位器"图标，如图7-137所示，在场景中创建一个定位器，并调整其位置至图7-138所示。

图7-134

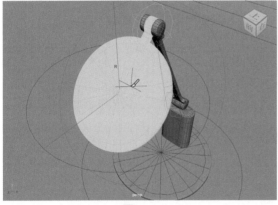

图7-135

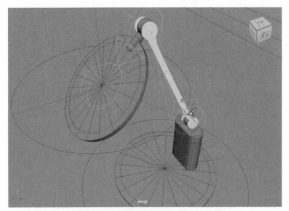

图7-136

图7-137

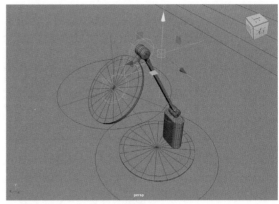

图7-138

24 先选择场景中的定位器，再加选场景中的IK控制柄，如图7-139所示。

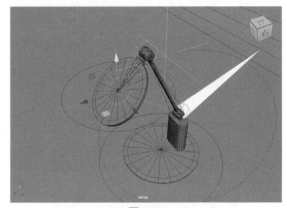

图7-139

25 单击"绑定"工具架中的"极向量约束"按钮，如图7-140所示，并将定位器也设置为灯底座控制器的子对象。

图7-140

26 设置完成后，随意调整灯盘控制器的位置，本示例的最终绑定效果如图7-141所示。

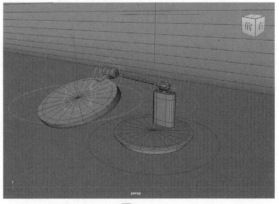

图7-141

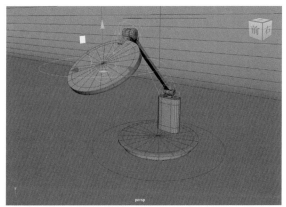

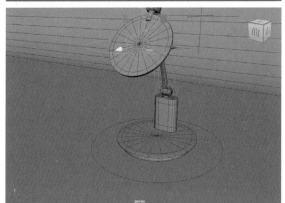

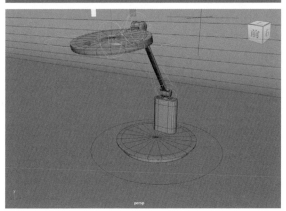

图7-141（续）

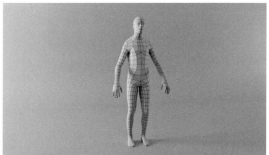

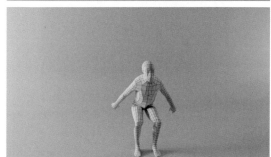

图7-142

7.4.2　实例：使用"快速绑定"制作角色运动动画

本实例将使用"快速绑定"制作角色运动的动画效果，图7-142所示为本实例的最终完成效果。

01 启动中文版Maya 2025软件，打开本书配套资源"角色.mb"文件，里面是一个简易的人体角色模型，如图7-143所示。

02 单击"绑定"工具架上的"快速绑定"图标，如图7-144所示。

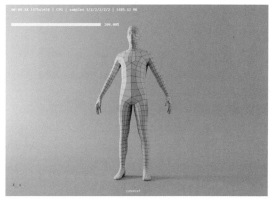

图7-143

图7-144

03 在系统自动弹出的"快速绑定"面板中，将快速绑定的方式设置为"分步"，再单击"创建新角色"按钮，如图7-145所示。

图7-145

04 选择场景中的角色模型，在"几何体"卷展栏内单击"添加选定的网格"按钮，将场景中选择的角色模型添加至下方的文本框中，如图7-146所示。

图7-146

05 在"导向"卷展栏中，设置"分辨率"为512，在"中心"卷展栏中，设置"颈部"为2，再单击"创建/更新"按钮，如图7-147所示。

图7-147

06 设置完成后，即可在"透视视图"中看到角色模型上添加了多个导向，如图7-148所示。

07 仔细观察默认状态下生成的导向，可以发现手肘处及肩膀处的导向位置略低一些，这就需要在场景中对其进行调整。先选择肩膀、颈部及头部处的导向，将其位置调整至图7-149所示位置处。

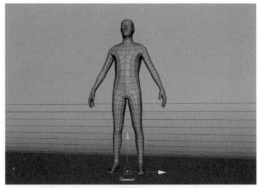

图7-148

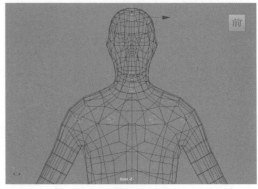

图7-149

08 再选择手肘处的导向，先将其中一个的位置调整至图7-150所示位置处。

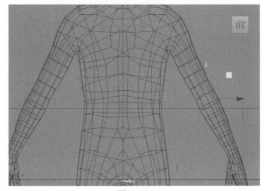

图7-150

09 在"用户调整导向"卷展栏中，单击"从左到右镜像"按钮，如图7-151所示，可以将其位置对称至另一侧的手肘导向，如图7-152所示。

10 在"骨架和装备生成"卷展栏中，单击"创建/更新"按钮，如图7-153所示，即可在"透视视图"中根据之前所调整的导向位置生成骨架，如图7-154所示。

图7-151

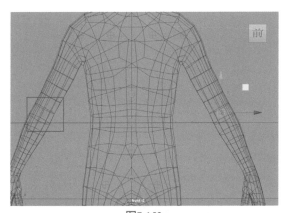

图7-152

图7-153

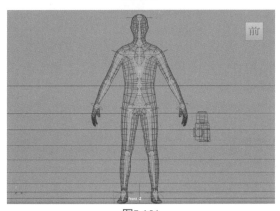

图7-154

11 读者应当注意现在场景中的骨架并不会对角色模型产生影响。在"蒙皮"卷展栏中，单击"创建/更新"按钮，即可为当前角色进行蒙皮，如图7-155所示。只有蒙皮计算完成后，骨架的位置才会影响角色的形变。

图7-155

12 设置完成后，角色的快速装备操作就结束了，我们可以通过Human IK选项卡中的图例快速选择角色的骨骼来调整角色的姿势，如图7-156所示。

13 在Human IK面板中，设置"源"为"初始"，如图7-157所示。

14 这时，我们可以看到角色身体两侧的部分肌肉以及角色的手指均产生了不正常的变形，如图7-158所

示，即"快速绑定"面板中的蒙皮效果有时会产生一些不太理想的效果。接下来，我们尝试通过"绘制蒙皮权重"命令来改善角色的蒙皮效果。

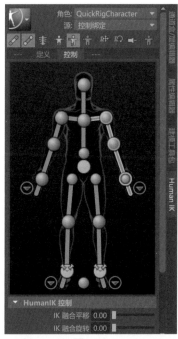

图7-156

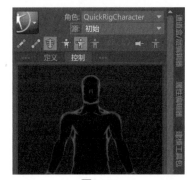

图7-157

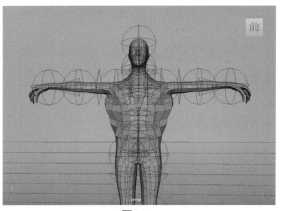

图7-158

15 选择角色模型后，双击"绑定"工具架上的"绘制蒙皮权重"图标，如图7-159所示。

图7-159

16 在弹出的"工具设置"面板中，选择角色左上臂位置处的骨架，设置"剖面"为"硬笔刷"，如图7-160所示。

图7-160

17 在"几何体颜色"卷展栏中，勾选"颜色渐变"复选框，如图7-161所示。这时，我们可以通过观察角色的颜色来判断骨架对其的影响程度，如图7-162所示。

图7-161

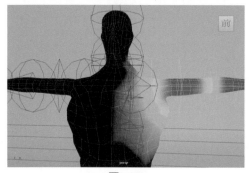

图7-162

18 在"笔划"卷展栏中，设置"半径（U）"为0.5，如图7-163所示。

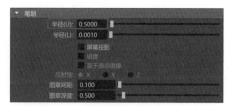

图7-163

19 按住Ctrl键，绘制角色身体左侧的顶点，使其不再受角色左上臂骨架的影响，如图7-164所示。

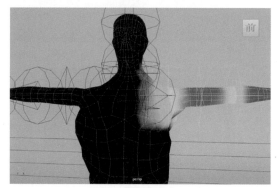

图7-164

20 使用同样的操作步骤检查角色身体其他位置处的骨架，并对其进行权重绘制操作。最终，角色身体权重调整完成后的效果如图7-165所示。

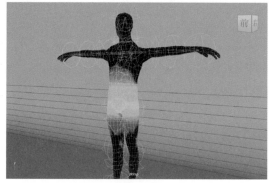

图7-165

21 单击"多边形建模"工具架上的"内容浏览器"图标，如图7-166所示。

图7-166

22 在弹出的"内容浏览器"面板中，从软件自带的动作库中选择任意一个动作文件，右击并在弹出的快捷菜单中执行"导入"命令，如图7-167所示。

23 导入完成后，我们可以看到一具完整的带有动作的骨架出现在当前场景中，如图7-168所示。

24 在Human IK面板中，设置"源"的选项为Flip1，如图7-169所示。

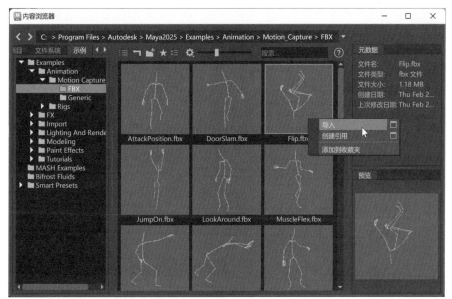

图7-167

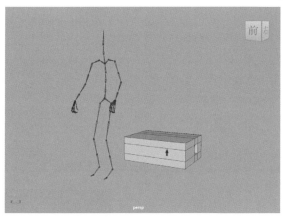

图7-168

图7-169

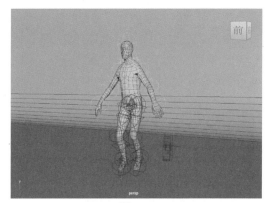

图7-170

图7-171

25 播放场景动画，可以看到现在角色的骨架会自动匹配到从动作库导入进来的带有动作的骨架上，如图7-170所示。

26 在Human IK面板中，执行"烘焙"|"烘焙到控制绑定"命令，如图7-171所示。执行完成后，就可以删除场景中从动作库里导入的骨架，这样，场景中只需保留角色本身的骨架即可，如图7-172所示。

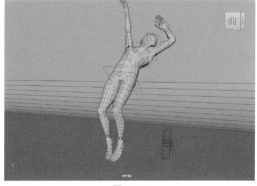

图7-172

第 8 章
流体动画技术

8.1
流体概述

中文版Maya 2025软件的流体效果模块可以为特效动画师提供一种实现真实模拟和渲染流体运动的技术，主要用来解决如何在三维软件中实现大气、燃烧、爆炸、水面、烟雾、雪崩等特效。但是，如果用户想要制作出较为真实的流体动画效果，仍然需要在日常生活中处处留意身边的流体运动。图8-1和图8-2所示为笔者拍摄的一些用于制作流体特效时的参考照片。

图8-1

图8-2

无论是想学好特效动画制作的技术人员，还是想使用特效动画技术的项目负责人，如果希望可以在自己的工作中将中文版Maya 2025的特效功能完全发挥出来，则必须要对三维特效动画技术有足够的重视及尊敬。我们之所以能够使用这些特效命令，完全是基于软件工程师耗费大量的时间将复杂的数学公式与软件编程技术融合应用所创造出来的可视化工具。即便如此，制作特效仍需要我们在三维软件中进行大量的节点及参数调试才有可能制作出效果真实的动画结果。中文版Maya 2025为用户提供了多种不同的流体工具用来制作流体特效动画。下面分别讲解这些工具的使用方法。

8.2
流体动画

在FX工具架中可以找到一些与"流体"有关的工具图标，如图8-3所示。

图8-3

工具解析

- 3D流体容器：创建带有发射器的3D流体容器。
- 2D流体容器：创建带有发射器的2D流体容器。
- 从对象发射流体：设置流体从所选择的模型上发射。
- 使碰撞：设置流体与场景中的模型进行碰撞。

8.2.1 基础知识：使用 2D 流体容器制作燃烧动画

本例主要演示2D流体容器的操作方法。

01 启动中文版Maya 2025软件，将工具架切换至FX

工具架，单击"具有发射器的2D流体容器"图标，如图8-4所示。

图8-4

02 在场景中创建一个带有发射器的2D流体容器，如图8-5所示。

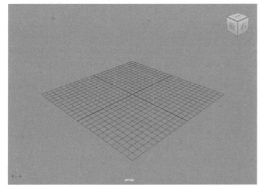

图8-5

03 在场景中选择发射器，并调整其位置至图8-6所示。

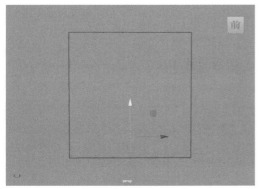

图8-6

04 播放动画，可以在"透视视图"中观察默认状态下2D流体容器所产生的动画效果，如图8-7和图8-8所示。

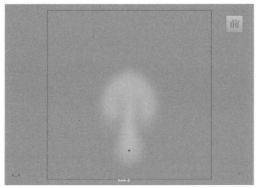

图8-7

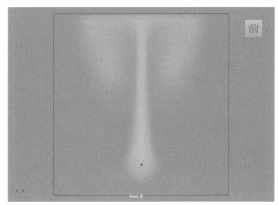

图8-8

05 在"容器特性"卷展栏中，设置"基本分辨率"为200，如图8-9所示。

图8-9

06 再次播放动画，这次可以看到流体容器的流体动画效果有了明显的精度提高，如图8-10和图8-11所示。

07 在"内容详细信息"卷展栏内的"速度"卷展栏中，设置"漩涡"为5、"噪波"为0.05，如图8-12所示。

08 播放动画，可以看到白色的烟雾在上升的过程中产生了更为随机的动画形态，如图8-13所示。

09 在"颜色"卷展栏中，设置"选定颜色"为黑色，如图8-14所示。

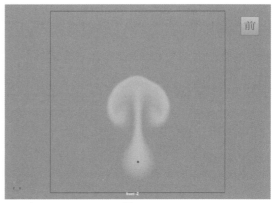

图8-10

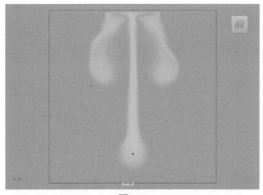

图8-11

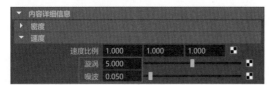

图8-12

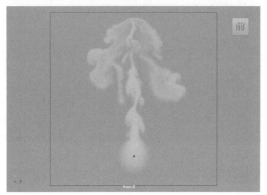

图8-13

图8-14

10 在"白炽度"卷展栏中，设置"白炽度 输入"为"密度"、"输入偏移"为0.5，白炽度的黑色、橙色和黄色的"选定位置"值分别如图8-15～图8-17所示。

11 设置完成后，流体颜色的视图显示效果如图8-18所示。

图8-15

图8-16

图8-17

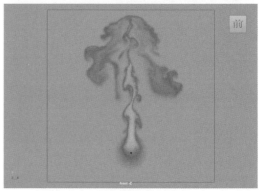

图8-18

12 在"着色"卷展栏中，调整"透明度"的颜色为深灰色，如图8-19所示。可以看到场景中的流体效果要明显很多，如图8-20所示。

图8-19

图8-20

13 在"基本发射器属性"卷展栏中，设置"速率（百分比）"为200，如图8-21所示。可以增加火焰燃烧的程度，如图8-22所示。

14 本实例的最终动画效果如图8-23所示。

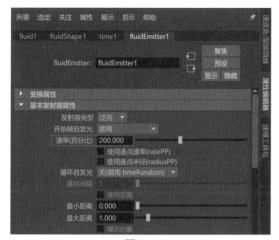

图8-21

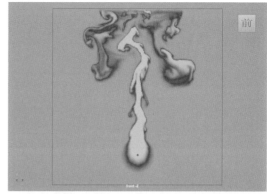

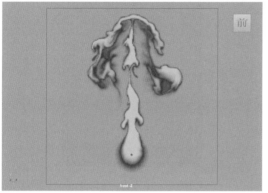

图8-22

图8-23（续）

技巧与提示：读者学习完本小节的内容后，可以尝试使用3D流体容器制作燃烧动画。

8.2.2　实例：使用"3D 流体容器"制作蒸汽升腾动画

本实例将使用"3D流体容器"制作一个面包表面上的蒸汽升腾动画效果，图8-24所示为本实例的最终完成效果。

01 启动中文版Maya 2025软件，打开本书配套资源文件"面包.mb"，该场景中有一个面包模型，并且已经设置好材质和摄影机，如图8-25所示。

02 单击FX工具架上的"具有发射器的3D流体容器"图标，如图8-26所示。

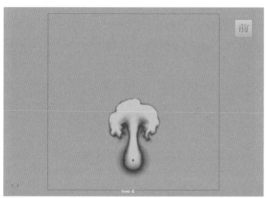

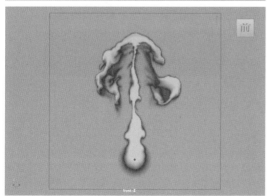

图8-23

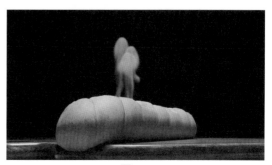

图8-24

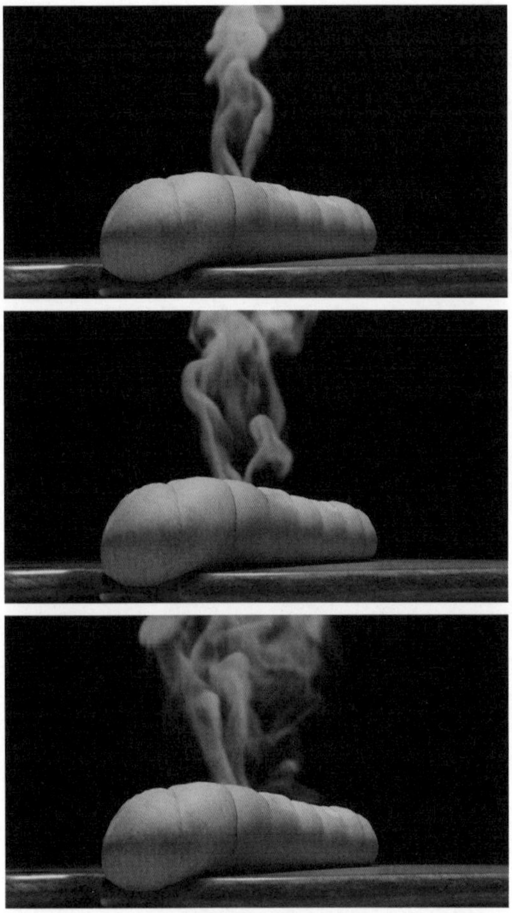

图8-24（续）

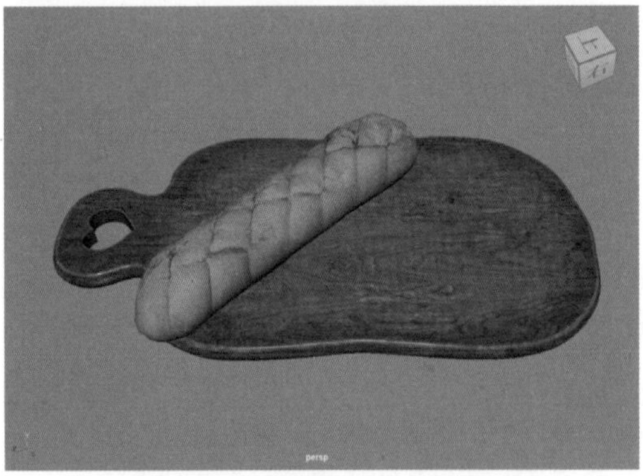

图8-25

图8-26

03 在场景中创建一个带有发射器的3D流体容器，如图8-27所示。

04 在“大纲视图”面板中，选择场景中的流体发射器，如图8-28所示，将其删除。

05 选择场景中的面包碎块模型，再加选3D流体容器，如图8-29所示：

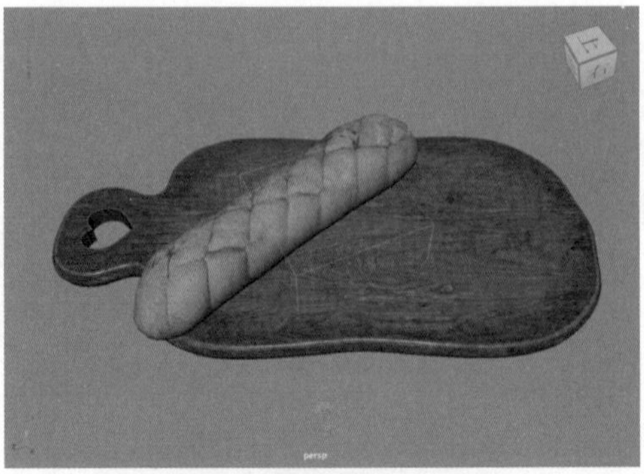

图8-27

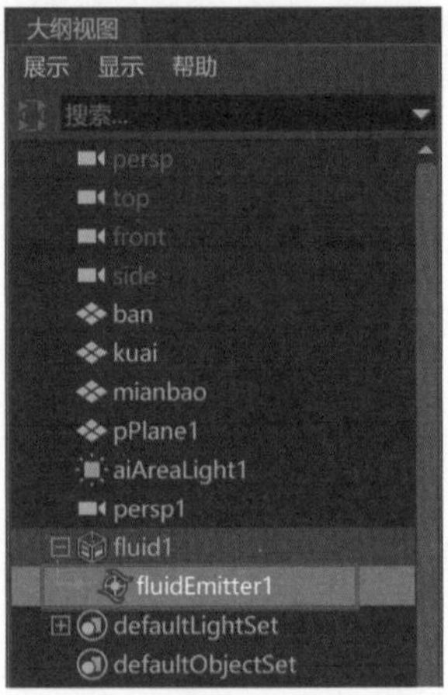

图8-28

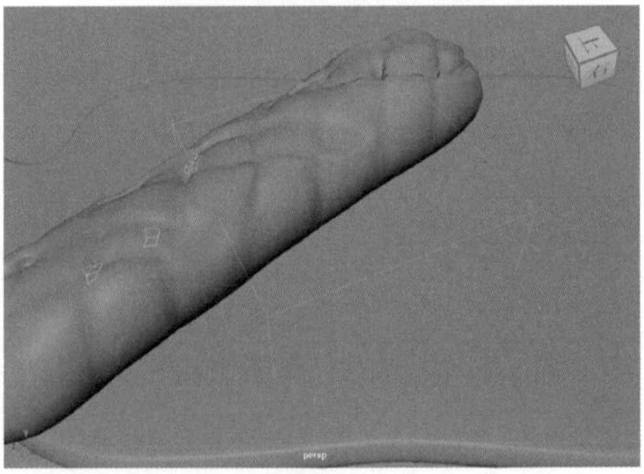

图8-29

06 单击FX工具架上的“从对象发射流体”图标，如图8-30所示，设置面包模型为流体发射器。

图8-30

07 设置完成后，在“大纲视图”面板中可以看到面包模型节点下方产生了一个流体发射器，如图8-31所示。

08 选择场景中的3D流体容器，在“容器特性”卷展栏中，设置“基本分辨率”为100、“边界X”“边界Y”“边界Z”均为“无”，如图8-32所示。

图8-31

图8-32

09 在"自动调整大小"卷展栏中，勾选"自动调整大小"复选框，如图8-33所示。

图8-33

10 播放场景动画，可以看到面包模型上产生的蒸汽升腾效果，如图8-34所示。

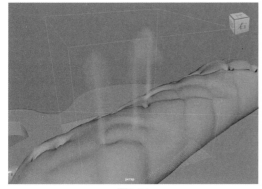

图8-34

11 在"密度"卷展栏中，设置"浮力"为35、"消散"为0.1，如图8-35所示。

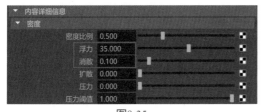

图8-35

12 在"着色"卷展栏中，设置"透明度"为深灰色，如图8-36所示。

图8-36

13 在"动力学模拟"卷展栏中，设置"粘度"为0.1、"高细节解算"为"所有栅格"、"子步"为2、"解算器质量"为100，如图8-37所示。

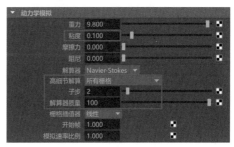

图8-37

14 在"基本发射器属性"卷展栏中，设置"速率（百分比）"为200，如图8-38所示。

图8-38

15 播放场景动画，模拟出来的蒸汽升腾效果如图8-39所示。

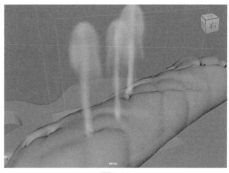

图8-39

16 在"速度"卷展栏中，设置"漩涡"为3，在"湍流"卷展栏中，设置"强度"为0.2，如图8-40所示，增加烟雾上升时的形态细节。

17 播放场景动画，模拟出来的蒸汽升腾效果如图8-41所示。

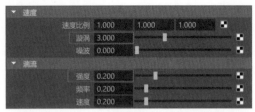

图8-40

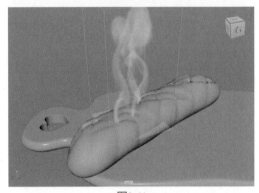

图8-41

18 选择流体容器，单击"FX缓存"工具架上的"创建缓存"图标，如图8-42所示。

图8-42

19 本实例制作完成后的蒸汽升腾动画效果如图8-43所示。

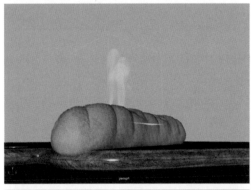

图8-43

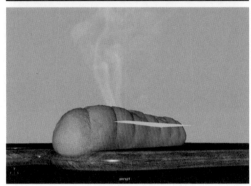

图8-43（续）

8.2.3　实例：使用"3D 流体容器"制作烟雾飘动动画

本实例使用"3D流体容器"制作一个烟雾飘动的动画效果，图8-44所示为本实例的最终完成效果。

01 启动中文版Maya 2025软件，打开本书配套资源场景文件"烟囱.mb"，如图8-45所示，里面有一个烟囱模型。

图8-44

图8-44（续）

图8-45

02 单击FX工具架上的"具有发射器的3D流体容器"图标，如图8-46所示，在场景中创建一个3D流体容器。

图8-46

03 在"大纲视图"面板中，选择场景中的流体发射器，如图8-47所示，将其删除。

图8-47

04 选择场景中烟囱口里的平面模型，再加选3D流体容器，如图8-48所示。

图8-48

05 单击FX工具架上的"从对象发射流体"图标，如图8-49所示。

图8-49

06 选择3D流体容器，在"容器特性"卷展栏中，设置"基本分辨率"为150、"大小"为（10,10,25）、"边界X""边界Y""边界Z"均为"无"，如图8-50所示。

图8-50

07 在"通道盒/层编辑器"选项卡中，设置"平移X"为0、"平移Y"为26、"平移Z"为-9，如图8-51所示。

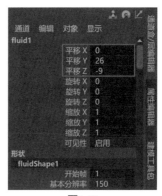

图8-51

08 设置完成后，3D流体容器的视图显示效果如图8-52所示。

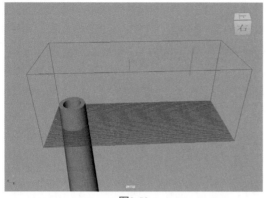

图8-52

09 播放场景动画，可以看到模拟出来的烟雾效果如图8-53所示。

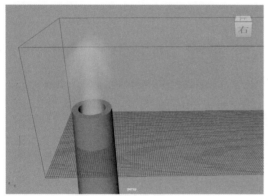

图8-53

10 在"速度"卷展栏中，设置"漩涡"为5、"噪波"为0.1，在"湍流"卷展栏中，设置"强度"为2，如图8-54所示。

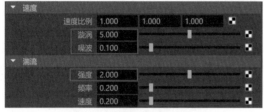

图8-54

11 在"密度"卷展栏中，设置"浮力"为3、"消散"为0.5，如图8-55所示。

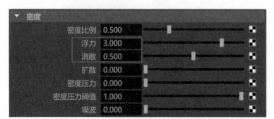

图8-55

12 在"基本发射器属性"卷展栏中，设置"速率（百分比）"为10000，如图8-56所示。

图8-56

13 在"动力学模拟"卷展栏中，设置"高细节解算"为"所有栅格"、"子步"为2、"解算器质量"为100，如图8-57所示。

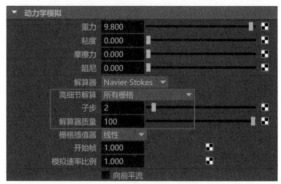

图8-57

14 选择3D流体容器，再加选烟囱模型，单击FX工具架上的"使碰撞"图标，如图8-58所示。

图8-58

15 设置完成后，播放场景动画，可以看到模拟出来的烟雾效果如图8-59所示。

图8-59

16 选择3D流体容器，执行"场/解算器"|"空气"命令，在场景中创建一个空气场，如图8-60所示。

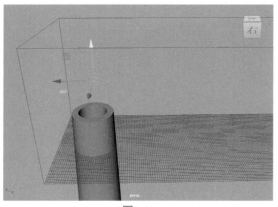

图8-60

17 在"空气场属性"卷展栏中，设置"幅值"为20、"方向"为（0,0,-1）、"速度"为50，如图8-61所示。

图8-61

18 播放动画，本实例制作完成后的烟雾飘动动画效果如图8-62所示。

图8-62

图8-62（续）

8.2.4　实例：使用"3D流体容器"制作导弹拖尾动画

本实例使用"3D流体容器"制作一个导弹拖尾的动画效果，图8-63所示为本实例的最终完成效果。

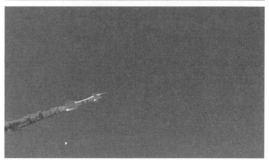

图8-63

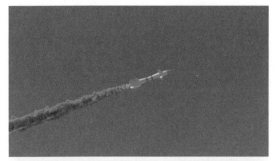

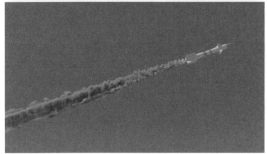

图8-63（续）

01 启动中文版Maya 2025软件，打开本书配套资源场景文件"导弹.mb"，如图8-64所示，里面有一枚导弹模型。

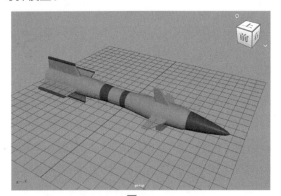

图8-64

02 制作导弹的飞行动画，选择导弹模型，在1帧位置处，设置"平移X"为15，并为其设置关键帧，如图8-65所示。

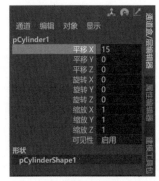

图8-65

03 在120帧位置处，设置"平移X"的值为200，并

为其设置关键帧，如图8-66所示。

图8-66

04 执行"窗口"|"动画编辑器"|"曲线图编辑器"命令，打开"曲线图编辑器"面板，如图8-67所示。

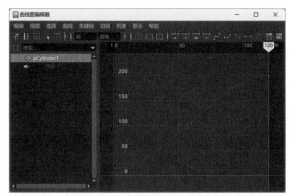

图8-67

05 选择"平移X"属性的动画曲线，单击"线性切线"按钮，调整曲线的形态至图8-68所示。

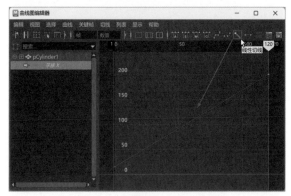

图8-68

06 单击FX工具架上的"具有发射器的3D流体容器"图标，如图8-69所示。

图8-69

07 在场景中创建一个流体容器，如图8-70所示。

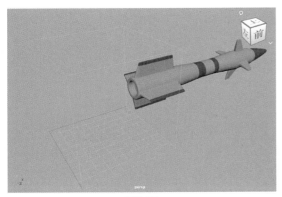

图8-70

08 选择流体发射器，在"基本发射器属性"卷展栏中，设置"发射器类型"为"体积"，如图8-71所示。

图8-71

09 在视图中，我们可以看到发射器的图标变成了一个立方体的形状，如图8-72所示。

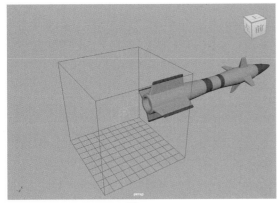

图8-72

10 在"体积发射器属性"卷展栏中，设置"体积形状"为"圆柱体"，如图8-73所示。

图8-73

11 我们可以看到发射器的图标变成了一个圆柱体形状，如图8-74所示。

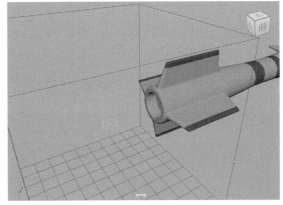

图8-74

12 调整流体发射器的旋转方向和位置至导弹模型的尾部位置处，如图8-75所示。

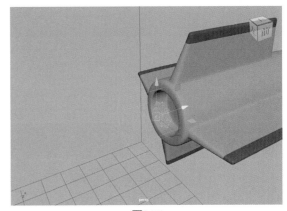

图8-75

13 先选择导弹模型，再加选流体发射器，如图8-76所示。

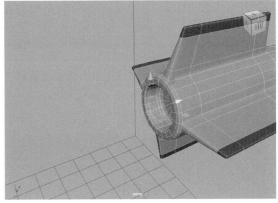

图8-76

14 单击"绑定"工具架上的"父约束"图标，如图8-77所示，为所选择的两个对象之间建立父约束关系。这样，流体发射器的位置会随着导弹模型的运动而产生改变。

图8-77

15 设置完成后，在"属性编辑器"面板中观察流体发射器"变换属性"卷展栏内的"平移"和"旋转"属性，可以看到其对应参数的背景色自动变为了天蓝色，如图8-78所示。

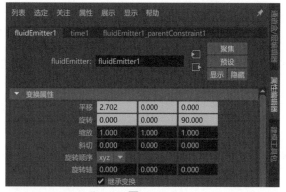

图8-78

16 选择3D流体容器，在"容器特性"卷展栏中，设置"基本分辨率"为50、"边界X"为"无"、"边界Y"为"无"，如图8-79所示。

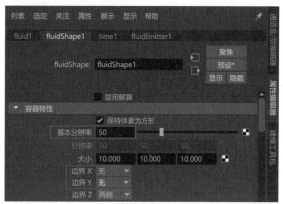

图8-79

17 在"自动调整大小"卷展栏中，勾选"自动调整大小"复选框，设置"最大分辨率"为400，如图8-80所示。

图8-80

18 设置完成后，播放动画，可以看到随着流体发射器的移动，3D流体容器的长度也随之自动增加，如图8-81所示。

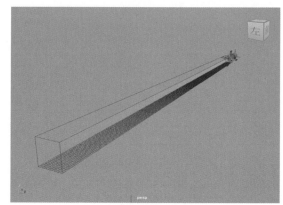

图8-81

19 在"基本发射器属性"卷展栏中，设置"速率（百分比）"为600，如图8-82所示。

图8-82

20 播放动画，这时可以看到导弹的尾部烟雾比之前要多一些，如图8-83所示。

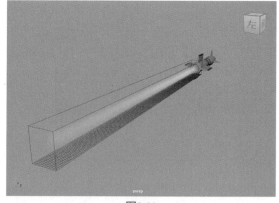

图8-83

21 选择3D流体容器，在"着色"卷展栏中，设置"透明度"为深灰色，如图8-84所示。这样，使得烟雾的显示更加清晰，如图8-85所示。

图8-84

22 选择流体发射器，在"自发光速度属性"卷展栏中，设置"速度方法"为"添加"、"继承速度"为50，如图8-86所示。

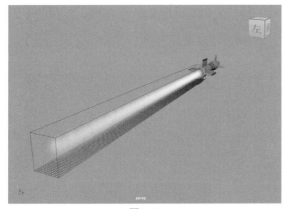

图8-85

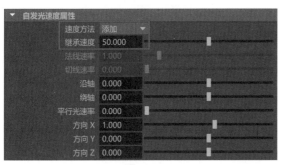

图8-86

23 在"流体属性"卷展栏中，设置"密度/体素/秒"为6，如图8-87所示。

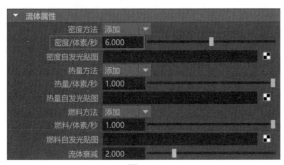

图8-87

24 在"显示"卷展栏中，设置"边界绘制"为"边界盒"，如图8-88所示。

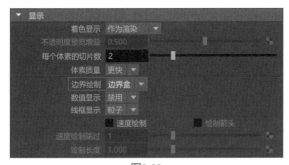

图8-88

25 播放动画，导弹的拖尾烟雾模拟效果如图8-89所示。

图8-89

26 选择3D流体容器，在"湍流"卷展栏中，设置"强度"为1，如图8-90所示。

图8-90

27 播放动画，导弹的拖尾烟雾模拟因为"湍流"的"强度"值会产生一定的扩散效果，如图8-91所示。

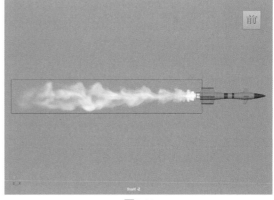

图8-91

28 在"动力学模拟"卷展栏中，设置"阻尼"为0.02、"高细节解算"为"所有栅格"、"子步"为2，以得到细节更加丰富的模拟结果，如图8-92所示。

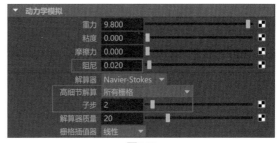

图8-92

㉙ 在"内容方法"卷展栏中，设置"温度"为"动态栅格"、"燃料"为"动态栅格"，如图8-93所示。

图8-93

㉚ 播放动画，导弹的拖尾烟雾模拟效果如图8-94所示。

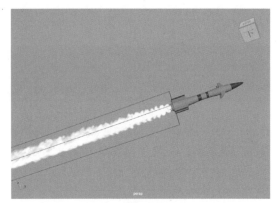

图8-94

㉛ 在"颜色"卷展栏中，设置"选定颜色"为灰白色，如图8-95所示。

图8-95

㉜ 在"白炽度"卷展栏中，设置"输入偏移"为0.9，白炽度的黑色、橙色和黄色的"选定位置"值分别如图8-96～图8-98所示。

㉝ 单击Arnold工具架上的Create Physical Sky（创建物理天空）图标，如图8-99所示，为场景设置物理天空灯光。

图8-96

图8-97

图8-98

图8-99

㉞ 在Physical Sky Attributes（物理天空属性）卷展栏中，设置Elevation（海拔）为30、Azimuth（方位角）为120、Intensity（强度）为4，提高物理天空灯光的强度，如图8-100所示。

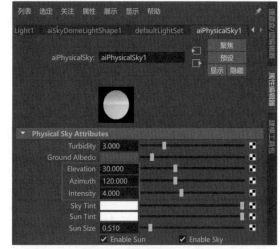

图8-100

㉟ 播放动画，场景的渲染预览效果如图8-101所示。

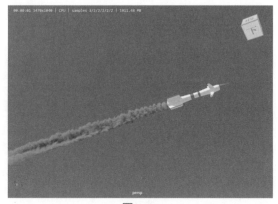

图8-101

8.3
Bifrost 流体

Bifrost流体是一种全新的流体动画模拟系统，该系统通过FLIP（流体隐式粒子）解算器可以获得高质量的流体效果。Bifrost工具架中的工具图标如图8-102所示。

图8-102

工具解析

● ■液体：创建液体容器。

● ■Aero：将所选择的多边形对象设置为Aero发射器。

● ■发射器：将所选择的多边形对象设置为发射器。

● ■碰撞对象：将所选择的多边形对象设置为碰撞对象。

● ■泡沫：单击该图标可以模拟泡沫。

● ■导向：将所选择的多边形对象设置为导向网格。

● ■发射区域：将所选择的多边形对象设置为发射区域。

● ■场：单击该图标创建场。

● ■Bifrost Graph Editor：单击该图标可以打开Bifrost Graph Editor面板进行事件编辑。

● ■Bifrost Browser：单击该图标可以打开Bifrost Browser面板获取一些Bifrost实例。

8.3.1 基础知识：使用 Stable Diffusion 绘制海洋图像

本例主要演示在Stable Diffusion中使用文生图绘制海洋图像的操作方法。

01 在"模型"选项卡中，单击"DreamShaper"模型，如图8-103所示，将其设置为"Stable Diffusion模型"。

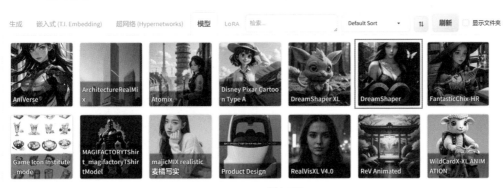

图8-103

02 在"文生图"选项卡中输入中文提示词："轮船，海洋/大海，阳光，浪花，蓝天，云"后，按Enter键则可以生成对应的英文："ship,ocean,sunlight,sea_spray,blue_sky,cloud,"，如图8-104所示。

图8-104

03 在"反向词"文本框内输入："正常质量，最差质量，低质量，低分辨率"，按Enter键，即可将其翻译为英文："normal quality,worstquality,low quality,lowres,"，并提高这些反向提示词的权重，如图8-105所示。

图8-105

04 在"生成"选项卡中，设置"迭代步数（Steps）"为35、"宽度"为768、"高度"为512、"总批次数"为2，如图8-106所示。

图8-106

05 在"高分辨率修复（Hires.fix）"卷展栏中，设置"高分迭代步数"为20、"重绘幅度"为0.5，如图8-107所示。

图8-107

06 单击"生成"按钮，绘制出来的海洋轮船图像效果如图8-108所示。

图8-108

> 技巧与提示：在制作流体动画前，我们可以使用AI绘画软件根据提示词绘制一些与流体动画有关的图像作为参考图。

8.3.2 基础知识：模拟液体下落动画

本例主要演示Bifrost流体的操作方法。

01 单击"多边形建模"工具架上的"多边形球体"图标，如图8-109所示，在场景中创建一个球体模型。

图8-109

02 在"通道盒/层编辑器"选项卡中，设置球体的"半径"为1、"平移X"为0、"平移Y"为10、"平移Z"为0，如图8-110所示。

图8-110

03 设置完成后，球体模型位于场景的位置如图8-111所示。

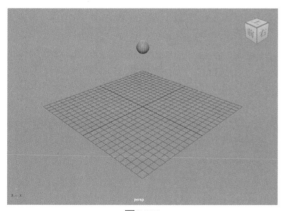

图8-111

04 选择球体模型，在Bifrost工具架中单击"液体"图标，如图8-112所示，将该网格对象设置为液体发射器。

图8-112

05 设置完成后，观察"大纲视图"面板，可以看到场景中多出了许多Bifrost流体节点，如图8-113所示。

图8-113

06 播放场景动画，现在可以看到场景中出现了一个球体形状的液体，并且该液体受重力的影响开始向下掉落，如图8-114所示。

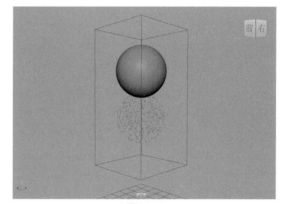

图8-114

07 在"显示"卷展栏中，勾选"体素"复选框，如图8-115所示，可以使得液体以实体的方式显示出来，如图8-116所示。

图8-115

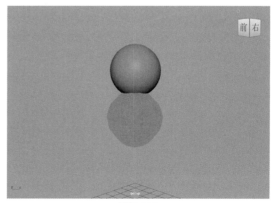

图8-116

08 在"特性"卷展栏中，勾选"连续发射"复选框，如图8-117所示。

图8-117

09 再次播放场景动画，则可以看到液体不断从球体上发射出来，如图8-118所示。这样，一个液体下落的动画就制作完成了。

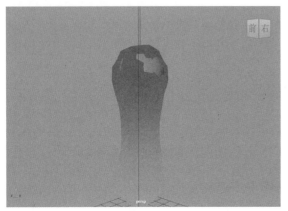

图8-118

8.3.3 实例：使用"液体"制作倒入牛奶动画

本实例将使用"液体"制作一个倒入牛奶的动画效果，图8-119所示为本实例的最终完成效果。

图8-119

图8-119 （续）

01 启动中文版Maya 2025软件，打开本书配套资源场景文件"杯子.mb"，如图8-120所示，里面有一个杯子模型。

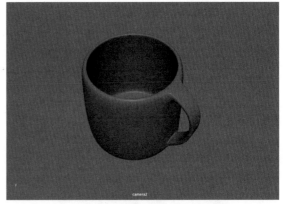

图8-120

02 单击"多边形建模"工具架上的"多边形球体"图标，如图8-121所示。

03 在杯子模型旁边位置处创建一个球体模型，如图8-122所示。

图8-121

图8-122

04 在"通道盒/层编辑器"面板中，调整球体模型的
"平移X"为0、"平移Y"为20、"平移Z"为4，
如图8-123所示。

图8-123

05 设置完成后，观察场景中球体的位置，如
图8-124所示。

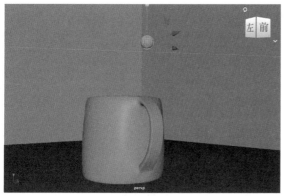

图8-124

06 选择球体模型，单击Bifrost工具架中的"液体"
图标，如图8-125所示，将球体模型设置为液体发
射器。

07 在"特性"卷展栏，勾选"连续发射"复选框，
如图8-126所示。

图8-125

图8-126

08 在"显示"卷展栏中，勾选"体素"复选框，如
图8-127所示，方便我们在场景中观察液体的形态。

图8-127

09 设置完成后，播放场景动画，液体的模拟效果如
图8-128所示。

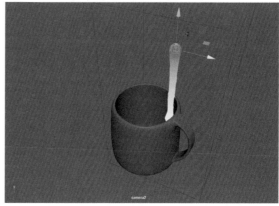

图8-128

10 选择液体与场景中的杯子模型，单击Bifrost工具
架上的"碰撞对象"图标，如图8-129所示，设置液
体可以与场景中的杯子发生碰撞。

图8-129

11 在场景中选择液体，单击Bifrost工具架上的
"场"图标，如图8-130所示。

图8-130

12 在"右视图"中，将场对象移动至场景中球体模型位置处，并调整方向至图8-131所示。

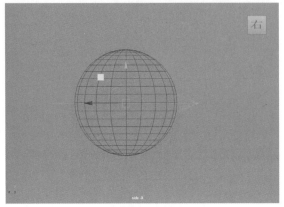

图8-131

13 在"通道盒/层编辑器"选项卡中，设置"平移X"为0、"平移Y"为20、"平移Z"为4、"旋转X"为0、"旋转Y"为90、"旋转Z"为0、"缩放X""缩放Y"和"缩放Z"均为5，如图8-132所示，调整完大小后的场视图显示效果如图8-133所示。

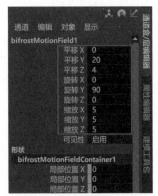

图8-132

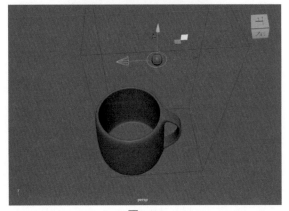

图8-133

14 播放场景动画，可以看到液体同时受到重力和场的影响，向斜下方进行运动，如图8-134所示。

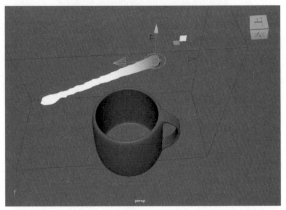

图8-134

15 在"运动场特性"卷展栏，设置Magnitude为0.2，如图8-135所示。

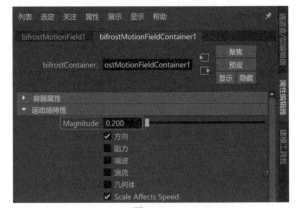

图8-135

16 再次播放动画，观察液体与杯子的碰撞模拟效果，如图8-136所示。

图8-136

17 在"分辨率"卷展栏中，设置"主体素大小"为0.1，如图8-137所示。

18 设置完成后，计算动画，液体的模拟效果如图8-138所示。这时，可以看到降低了"主体素大小"的值后，计算时间明显增加，得到的液体形态细节更多，液体与杯子模型的贴合程度也更加紧密了，但是，这里出现了一个问题，就是有少量的液体穿透了杯子模型。

图8-137

图8-138

19 在"传输"卷展栏中，设置"传输步长自适应性"为0.5，如图8-139所示。

图8-139

20 再次播放场景动画，这次可以看到液体的碰撞计算更加精确了，并且没有出现液体穿透杯子模型的问题，如图8-140所示。

21 执行"Bifrost流体"｜"计算并缓存到磁盘"命令后，本实例的最终完成效果如图8-141所示。

22 渲染场景，渲染结果如图8-142所示，这时可以看到模拟出来的液体在默认状态下的材质效果接近于清水。

23 接下来开始制作牛奶的材质。选择液体，单击

"渲染"工具架上的"标准曲面"图标，如图8-143所示。

图8-140

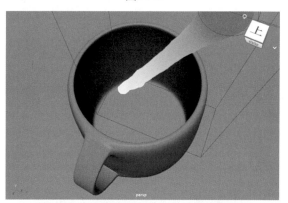

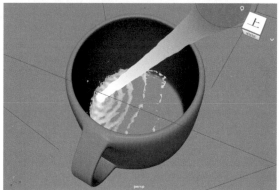

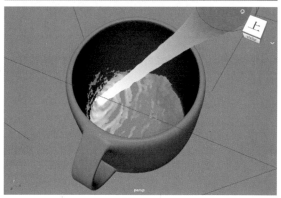

图8-141

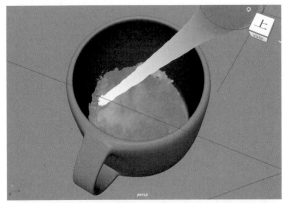

图8-141（续）

图8-142

图8-143

㉔ 在"基础"卷展栏中，设置"颜色"为白色，如图8-144所示。

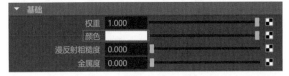

图8-144

㉕ 在"次表面"卷展栏中，设置"权重"为0.5，如图8-145所示。

图8-145

㉖ 设置完成后，本实例的渲染预览效果如图8-146所示。

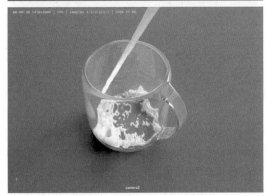

图8-146

8.3.4　实例：使用 Boss 制作海洋动画

本实例将使用Boss制作一个海洋流动的动画效果，图8-147所示为本实例的最终完成效果。

图8-147

01 启动中文版Maya 2025软件，单击"多边形建模"工具架上的"多边形平面"图标，如图8-148所示，在场景中创建一个平面模型。

图8-148

02 在"多边形平面历史"卷展栏中，设置平面模型的"宽度"和"高度"均为100，设置"细分宽度"和"高度细分数"均为200，如图8-149所示。

03 在"通道盒/层编辑器"选项卡中，设置"平移X""平移Y""平移Z"均为0，如图8-150所示。

04 设置完成后，平面模型的视图显示效果如图8-151所示。

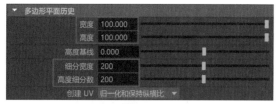

图8-149

图8-150

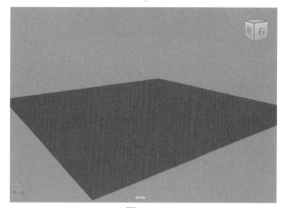

图8-151

05 执行Boss|"Boss编辑器"命令，打开Boss Ripple/Wave Generator面板，如图8-152所示。

图8-152

技巧与提示： Boss的全称为Bifrost Ocean Simulation System，官方中文帮助文档翻译为"Bifrost 海洋模拟系统"。

06 选择场景中的平面模型，单击Boss Ripple/Wave Generator面板中的Create Spectral Waves（创建光谱波浪）按钮，如图8-153所示。

07 在"大纲视图"面板中可以看到，Maya软件可根据之前选择的平面模型的大小及细分情况创建出一个用于模拟区域海洋的新模型，并命名为BossOutput，同时会隐藏场景中原有的多边形平面模型，如图8-154所示。

图8-153

图8-154

08 在默认情况下，新生成的BossOutput模型与原有的多边形平面模型一模一样。拖动Maya的时间帧，即可看到从第1帧起，BossOutput模型可以模拟出非常真实的海洋波浪运动效果，如图8-155所示。

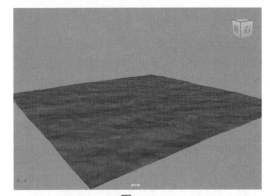

图8-155

09 在"模拟属性"卷展栏中，设置"波高度"为2，勾选"使用水平置换"复选框，并调整"波大小"为5，如图8-156所示。

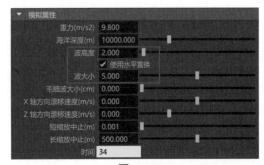

图8-156

10 调整完成后，播放场景动画，可以看到模拟出来

的海洋波浪效果如图8-157所示。

图8-157

11 在"大纲视图"面板中选择平面模型，在"多边形平面历史"卷展栏中，设置"细分宽度"和"高度细分数"均为1000，如图8-158所示。这时，Maya软件会弹出"多边形基本体参数检查"对话框，询问用户是否需要继续使用这么高的细分值，如图8-159所示，单击该对话框中的"是，不再询问"按钮即可。

图8-158

图8-159

12 设置完成后，在视图中观察海洋模型，可以看到模型的细节大幅提升了，图8-160和图8-161所示为提高了细分值前后的海洋模型对比结果。

13 选择海洋模型，单击"渲染"工具架中的"标准曲面材质"图标，如图8-162所示。

图8-160

图8-161

图8-162

14 在"基础"卷展栏中,设置"颜色"为深蓝色,如图8-163所示,其中,"颜色"的参数设置如图8-164所示。

图8-163

图8-164

15 在"镜面反射"卷展栏中,设置"粗糙度"为0.1,如图8-165所示。

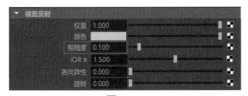

图8-165

16 在"透射"卷展栏中,设置"权重"为0.7、"颜色"为深绿色,如图8-166所示,其中,"颜色"的参数设置如图8-167所示。

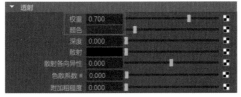

图8-166

图8-167

17 材质设置完成后,为场景创建灯光。单击Arnold工具架上的Create Physical Sky(创建物理天空)图标,在场景中创建物理天空灯光,如图8-168所示。

图8-168

18 在Physical Sky Attributes(物理天空属性)卷展栏中,设置Elevation(海拔)为40、Azimuth(方位角)为90、Intensity(强度)为6,如图8-169所示。

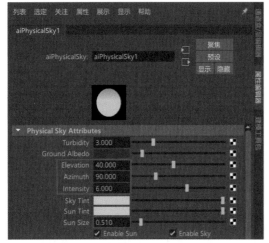

图8-169

19 渲染场景,添加了材质和灯光的海洋波浪渲染效果如图8-170所示。

图8-170

第 9 章
动力学动画技术

9.1
动力学概述

　　Maya软件内置了功能强大且易于掌握的动力学动画模拟系统，主要用来制作运动规律较为复杂的粒子动画、布料运动动画以及运动图形动画。熟练掌握这些工具，动画师不但可以制作出逼真有趣的动力学动画，还可以极大地提高动画制作的效率。在学习本章内容前，读者可以根据一些与动力学特效有关的照片来参考学习，还可以使用AI绘画软件绘制出一些相关图像来获取创作灵感，如图9-1和图9-2所示。

图9-1

图9-2

9.2
粒子动画

　　粒子特效一直在众多影视特效中占据首位，无论是烟雾特效、爆炸特效、光特效还是群组动画特效等，在这些特效当中都可以看到粒子特效的影子，即粒子特效是融合在这些特效当中的，它们不可分割，却又自成一体。将工具架切换至FX，即可看到有关设置粒子发射器的两个图标，一个是"发射器"图标，另一个是"添加发射器"图标，如图9-3所示。

图9-3

工具解析

- 发射器：创建粒子发射器。
- 添加发射器：根据选择的对象创建粒子发射器。

9.2.1　基础知识：使用 Stable Diffusion 绘制雨景图像

　　本例主要演示在Stable Diffusion中使用文生图绘制雨景图像的操作方法。

01 在"模型"选项卡中，单击"DreamShaper XL"模型，如图9-4所示，将其设置为"Stable Diffusion模型"。

02 在"文生图"选项卡中输入中文提示词："玫瑰，下雨，森林，白天"后，按Enter键则可以生成对应的英文："rose,rain,forest,day,"，如图9-5所示。

03 在"生成"选项卡中，设置"迭代步数（Steps）"为35、"宽度"为1500、"高度"为1100、"总批次数"为2，如图9-6所示。

图9-4

图9-5

图9-6

04 单击"生成"按钮，绘制出来的雨景图像效果如图9-7所示。

图9-7

图9-7（续）

9.2.2 实例：使用"粒子"制作喷泉动画

本实例将使用"粒子"制作一个喷泉的动画效果，图9-8所示为本实例的最终完成效果。

图9-8

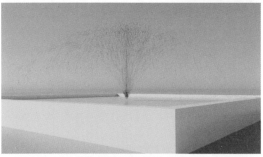

图9-8（续）

01 启动中文版Maya 2025软件，打开本书配套资源文件"水池.mb"，如图9-9所示。

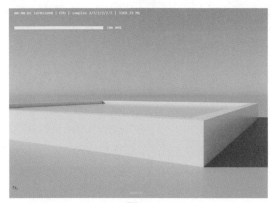

图9-9

02 单击FX工具架上的"发射器"图标，如图9-10所示，即可在场景中创建一个粒子发射器，并调整其位置至水面上方，如图9-11所示。

图9-10

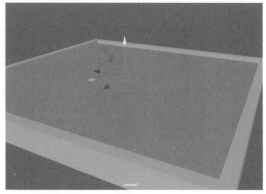

图9-11

03 在"基本发射器属性"卷展栏中，设置"发射器类型"为"方向"、"速率（粒子/秒）"为2000，如图9-12所示。

图9-12

04 在"距离/方向属性"卷展栏中，设置"方向X"为0、"方向Y"为1、"方向Y"为0、"扩散"为0.35，如图9-13所示。

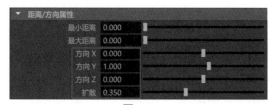

图9-13

05 在"基础自发光速率属性"卷展栏中，设置粒子的"速度"为10，提高粒子向上的发射速度，如图9-14所示。

图9-14

06 在"着色"卷展栏中，设置"点大小"为6，如图9-15所示。

07 设置完成后，播放动画，可以看到现在粒子的动画效果如图9-16所示。

08 在"寿命"卷展栏中，设置粒子的"寿命模式"为"恒定"、"寿命"为1.5，如图9-17所示。这样，粒子在下落的过程中随着时间的变化会逐渐消亡。

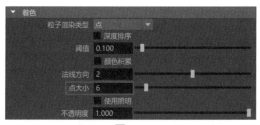

图9-15

图9-16

图9-17

09 在"着色"卷展栏中，设置"粒子渲染类型"为"球体"，如图9-18所示。在场景中观察粒子的形态如图9-19所示。

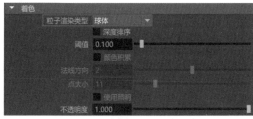

图9-18

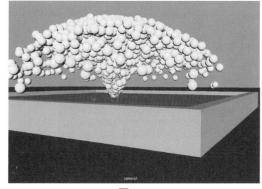

图9-19

10 在"粒子大小"卷展栏中，设置粒子的"半径"为0.03，如图9-20所示。

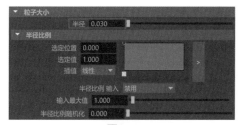

图9-20

11 播放场景动画，喷泉的动画效果如图9-21所示。

图9-21

12 选择粒子，单击"FX缓存"工具架中的"将选定的nCloth模拟保存到nCache文件"图标，如图9-22所示。

图9-22

技巧与提示：只有为粒子对象创建完成缓存文件后，才能渲染出粒子对象的运动模糊效果。

13 在"渲染设置"面板中，展开Motion Blur（运动模糊）卷展栏，勾选Enable（启用）复选框，设置Length（长度）为3，如图9-23所示。

图9-23

14 渲染场景，本实例的渲染效果如图9-24所示。

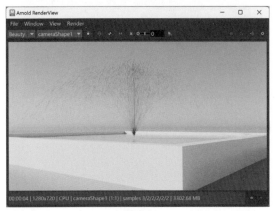

图9-24

9.2.3 实例：使用"粒子"制作树叶飘落动画

本实例将使用"粒子"制作一个树叶飘落的动画效果，图9-25所示为本实例的最终完成效果。

图9-25

图9-25（续）

01 启动中文版Maya 2025软件，打开本书配套资源场景文件"树叶.mb"，如图9-26所示。里面有一片添加好叶片材质的树叶模型。

图9-26

02 单击FX工具架中的"发射器"图标，如图9-27所示，即可在"大纲视图"面板中创建出一个粒子发射器、一个粒子对象和一个力学对象，如图9-28所示。

图9-27

图9-28

03 在"大纲视图"面板中选择粒子发射器，在"基本发射器属性"卷展栏中，设置"发射器类型"为"体积"、"速率（粒子/秒）"为6，如图9-29所示。

图9-29

04 在"通道盒/层编辑器"选项卡中,设置"平移Y"为100、"缩放X"为50、"缩放Y"为5、"缩放Z"为50,如图9-30所示。

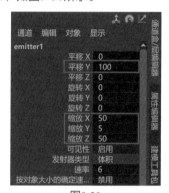

图9-30

05 播放场景动画,可以看到粒子的运动效果如图9-31所示。

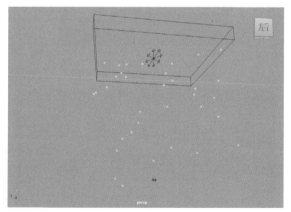

图9-31

06 选择场景中的树叶模型,单击nParticle |"实例化器"命令后面的方形按钮,如图9-32所示。

07 在自动弹出的"粒子实例化器选项"面板中,单击"创建"按钮,如图9-33所示。

08 接下来,可以在视图中看到所有的粒子形态都变成了树叶模型,如图9-34所示。

图9-32

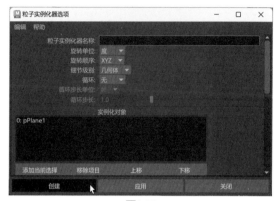

图9-33

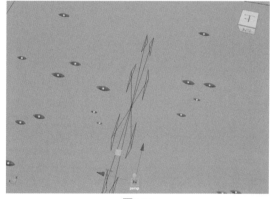

图9-34

09 在"重力和风"卷展栏中,设置"风速"为50、"风噪波"为1,如图9-35所示。为粒子添加风吹的效果。

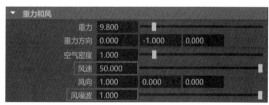

图9-35

10 播放动画,可以看到场景中的树叶方向都是一样的,看起来非常不自然,如图9-36所示。

11 在"旋转选项"卷展栏中,设置"旋转"为"位置",如图9-37所示。

12 再次播放动画,场景中的树叶方向现在看起来自然多了,如图9-38所示。

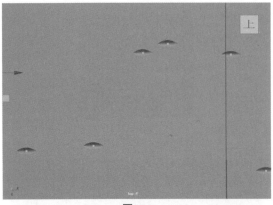

图9-36

图9-37

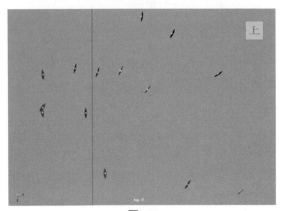

图9-38

13 单击Arnold工具架上的Create Physical Sky图标，为场景添加物理天空灯光，如图9-39所示。

图9-39

14 在Physical Sky Attributes（物理天空属性）卷展栏中，设置Elevation（海拔）为25、Azimuth（方位角）为150，调整出阳光的照射角度；设置Intensity（强度）为5，增加阳光的亮度；设置Sun Size（太阳尺寸）为3，增加太阳的半径大小，如图9-40所示。

15 设置完成后，场景的渲染效果如图9-41所示。

16 选择粒子对象，单击"FX缓存"工具架上的"将选定的nCloth模拟保存到nCache文件"图标，如图9-42所示，为粒子创建缓存文件。

17 打开"渲染设置"面板，在Motion Blur（运动

模糊）卷展栏中，勾选Enable（启用）复选框，如图9-43所示，开启运动模糊计算。

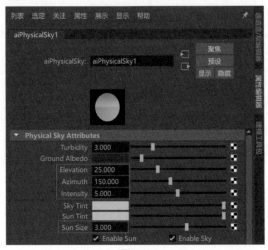

图9-40

图9-41

图9-42

图9-43

18 渲染场景，本实例的最终渲染结果如图9-44所示。

图9-44

9.3
布料动画

布料的运动属于一类很特殊的动画。由于布料在运动中会产生大量各种形态的随机褶皱，使得动画师很难使用传统的对物体设置关键帧动画的调整方式来进行制作布料运动的动画。如何制作出真实自然的布料动画一直是众多三维软件生产商共同面对的一项技术难题。中文版Maya 2025提供了多种与布料模拟有关工具供用户使用，在FX工具架的后半部分可以找到这些图标，如图9-45所示。

图9-45

工具解析

- ⬆从选定网格nCloth：将场景中选定的模型设置为nCloth对象。
- ⬇创建被动碰撞对象：将场景中选定的模型设置为可以被nCloth或n粒子碰撞的对象。
- ✖移除nCloth：将场景中的nCloth对象还原设置为普通模型。
- ⬒显示输入网格：将nCloth对象在视图中恢复为布料动画计算之前的几何形态。
- ⬓显示当前网格：将nCloth对象在视图中恢复为布料动画计算之后的当前几何形态。
- ▶启动交互式播放：在场景中进行交互式动画播放。

9.3.1 基础知识：模拟布料下落动画

本例主要演示创建布料对象及布料动画基本设置的操作方法。

01 启动中文版Maya 2025软件，单击"多边形建模"工具架上的"多边形平面"图标，如图9-46所示，在场景中创建一个平面模型。

图9-46

02 在"通道盒/层编辑器"选项卡中，设置"平移Y"为10、"宽度"和"高度"均为30、"细分宽度"和"高度细分数"均为60，如图9-47所示。

图9-47

03 单击"多边形建模"工具架上的"多边形圆柱体"图标，如图9-48所示，在场景中创建一个圆柱体模型。

图9-48

04 在"通道盒/层编辑器"选项卡中，设置圆柱体模型的"半径"为10、"高度"为2，如图9-49所示。

05 设置完成后，场景中的模型显示结果如图9-50所示。

06 选择平面模型，在FX工具架上单击"创建nCloth"图标，如图9-51所示，将平面模型设置为布料对象。

07 接下来选择圆柱体模型，在FX工具架上单击"创建被动碰撞对象"图标，如图9-52所示，将圆柱体模型设置为可以被nCloth对象碰撞的物体。

图9-49

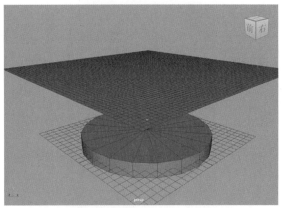

图9-50

图9-51　　　　图9-52

08 设置完成后，在"大纲视图"面板中观察场景中的对象数量，如图9-53所示。

图9-53

09 播放场景动画，可以看到平面模型在默认状态下，受到重力的影响自由下落，被圆柱体模型接住所产生的一个造型自然的桌布效果，如图9-54所示。

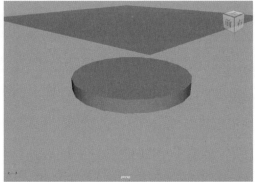

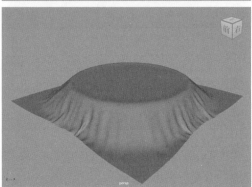

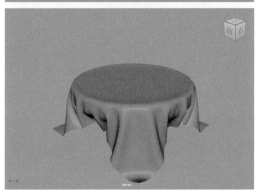

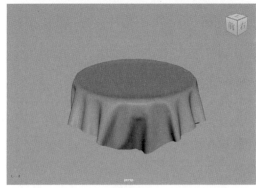

图9-54

9.3.2　实例：使用 nCloth 制作衣服摆动动画效果

本实例将使用nCloth制作一个衣服摆动的动画效果，图9-55所示为本实例的最终完成效果。

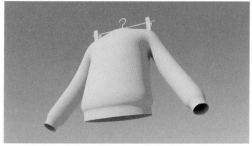

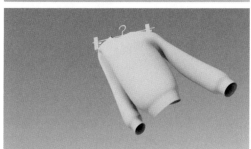

图9-55

01 启动中文版Maya 2025软件，打开本书配套资源场景文件"衣服.mb"，如图9-56所示，里面只有一件衣服模型和一个衣架模型。

图9-56

02 选择衣服模型，在FX工具架上单击"创建nCloth"图标，如图9-57所示。将衣服模型设置为布料对象，如图9-58所示。

图9-57

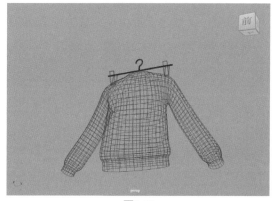

图9-58

技巧与提示：这时，如果播放动画，可以看到衣服会产生自由落体运动，并向下方掉落的动画效果。

03 选择如图9-59所示的两处顶点，执行nConstraint|"变换约束"命令，如图9-60所示。

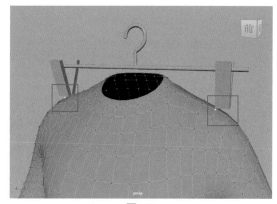

图9-59

图9-60

04 设置完成后，播放动画，可以看到衣服受重力影响所产生的变形效果，如图9-61所示。

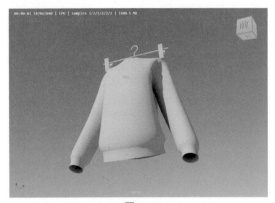

图9-61

05 在"重力和风"卷展栏中，设置"风速"为10、"风噪波"为10，如图9-62所示。

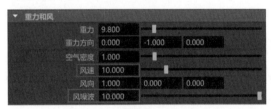

图9-62

06 播放场景动画，可以看到衣服的摆动动画效果，如图9-63所示。

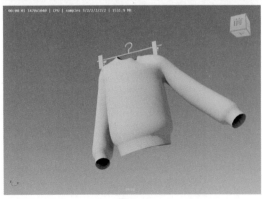

图9-63

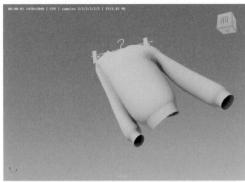

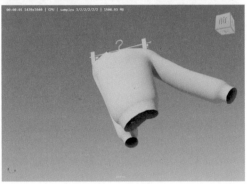

图9-63（续）

07 选择衣服模型，单击"FX缓存"工具架上的"将选定的nCloth模拟保存到nCache文件"图标，如图9-64所示，为其创建缓存文件。

图9-64

技巧与提示：只有为布料对象创建完成缓存文件后，才能渲染出布料对象的运动模糊效果。

08 在"渲染设置"面板中，展开Motion Blur（运动模糊）卷展栏，勾选Enable（启用）复选框，设置Length（长度）为5，如图9-65所示。

图9-65

09 渲染场景，本实例的最终渲染结果如图9-66所示。

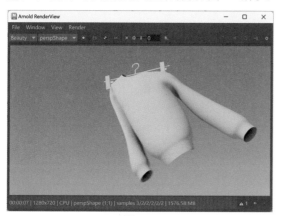

图9-66

9.3.3　实例：使用 nCloth 制作枕头下落动画效果

本实例将使用nCloth制作一个枕头下落的动画效果，图9-67所示为本实例的最终完成效果。

01 启动中文版Maya 2025软件，打开本书配套资源文件"枕头.mb"，如图9-68所示。里面有一个黄色的长方体模型，并且场景中已经设置好了材质及灯光。

02 选择长方体模型，在FX工具架上单击"创建nCloth"图标，如图9-69所示，将其设置为布料对象。

03 在"压力"卷展栏中，设置"压力"为0.5，如图9-70所示。

04 在"地平面"卷展栏中，勾选"使用平面"复选框，如图9-71所示。

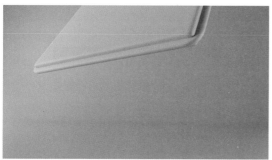

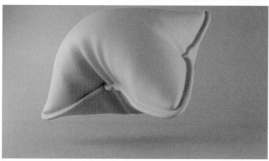

图9-67

图9-67（续）

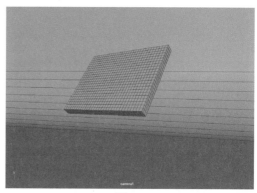

图9-68

图9-69

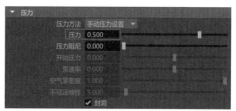

图9-70

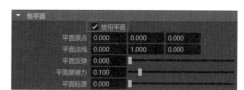

图9-71

05 播放场景动画，可以看到长方体受到内部压力所产生的变形动画效果，如图9-72所示。

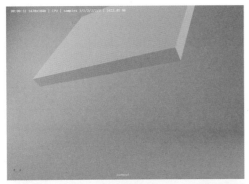

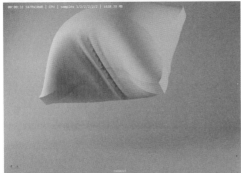

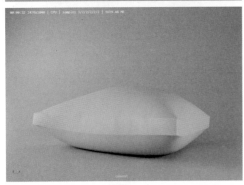

图9-72

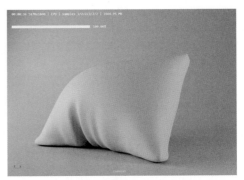

图9-73

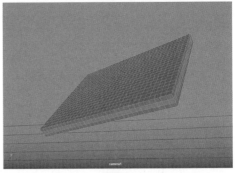

图9-74

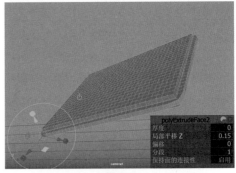

图9-75

图9-76

09 播放场景动画，本实例制作完成的动画效果如图9-77所示。

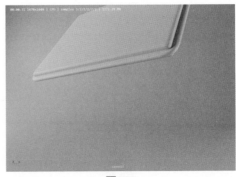

图9-77

06 选择抱枕模型，按3键，可以得到更加平滑的视图显示效果，如图9-73所示。

07 选择如图9-74所示的面，使用"挤出工具"制作出如图9-75所示的模型效果。

08 选择抱枕模型，单击"FX缓存"工具架上的"将选定的nCloth模拟保存到nCache文件"图标，如图9-76所示，为其创建缓存文件。

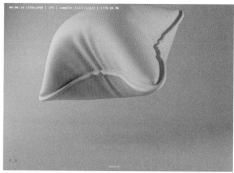

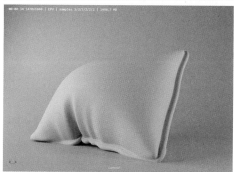

图9-77（续）

9.4
运动图形动画

运动图形动画也称MASH程序动画，该动画设置技术为动画师提供了一种全新的程序动画制作思路，常用来模拟动力学动画、粒子动画以及一些特殊的图形变化动画。运动图形动画制作流程首先是将场景中需要设置动画的对象转换为MASH网络对象，这样就可以使用系统提供的各式各样的MASH节点来进行动画的设置。这些工具图标大多数被集成到了MASH工具架和"运动图形"工具架中，如图9-78和图9-79所示，可以看到这两个工具架上有相当一部分图标工具是重复的。

图9-78

图9-79

工具解析

- ●创建MASH网络：将所选择的模型设置为MASH网络对象。
- ●MASH编辑器：打开"MASH编辑器"面板。
- ●将MASH连接到类型/SVG：为类型或SVG对象设置MASH动画。
- ●切换MASH几何体类型：在网格对象与MASH实例化器对象之间进行切换。
- ●缓存MASH网络：对MASH网络对象创建缓存。
- ●向粒子添加轨迹：向粒子对象添加轨迹。
- ●从MASH点创建网格：根据MASH点来创建网格对象。
- ●创建MASH点节点：单击以创建MASH点节点。
- ●添加壳动力学：为所选MASH网络对象添加壳动力学。

9.4.1 基础知识：创建 MASH 网络对象

本例主要演示创建MASH网络对象的操作方法。

01 启动中文版Maya 2025软件，单击"运动图形"工具架上的"多边形球体"图标，如图9-80所示，在场景中创建一个球体模型。

图9-80

技巧与提示：通过观察，我们不难发现"运动图形"工具架上的许多图标与其他工具架上的图标是重复的。

02 在"多边形球体历史"卷展栏中，设置"半径"为1，如图9-81所示。

03 选择球体模型，单击MASH工具架上的"创建MASH网络"图标，如图9-82所示。将根据所选择的球体模型来创建MASH网络对象，如图9-83所示。

04 观察"大纲视图"面板，可以看到原来的球体模型现在处于被隐藏的状态，如图9-84所示。

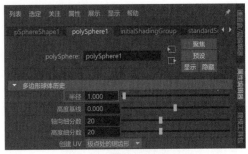

图9-81

图9-82

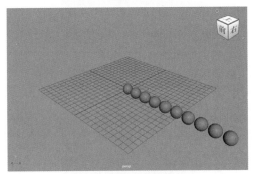

图9-83

图9-84

05 在"分布"卷展栏中，设置"点数"为9、"分布类型"为"线性"，勾选"中心分布"复选框，如图9-85所示，即可得到如图9-86所示的模型显示效果。

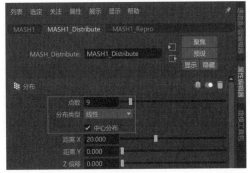

图9-85

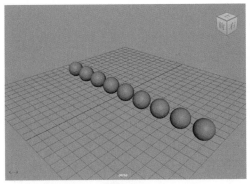

图9-86

06 设置"点数"为20、"分布类型"为"径向"，如图9-87所示，可以得到如图9-88所示的模型显示效果。

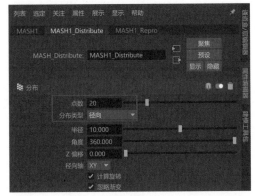

图9-87

07 设置"点数"为2000、"分布类型"为"球形"，如图9-89所示，可以得到如图9-90所示的模型显示结果。

08 设置"分布类型"为"栅格"、"距离X""距离Y"和"距离Z"均为5，设置"栅格X""栅格Y"和"栅格Z"均为3，如图9-91所示。可以得到如图9-92所示的模型显示结果。

09 设置"点数"为2000、"分布类型"为"体积"、"体积形状"为"立方体"、"体积大小"为6，如图9-93所示，可以得到如图9-94所示的模型显示结果。

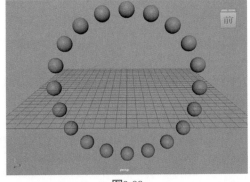

图9-88

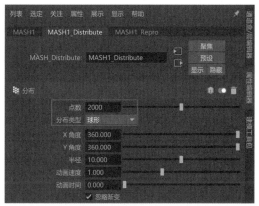

图9-89

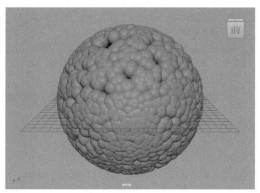

图9-90

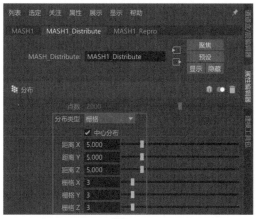

图9-91

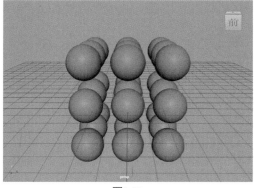

图9-92

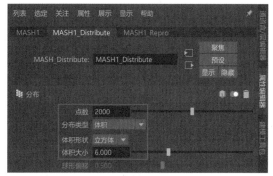

图9-93

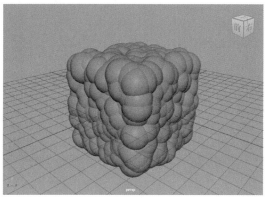

图9-94

9.4.2 实例：使用"运动图形"制作文字下落动画

本实例将使用"运动图形"制作一个文字下落的动画效果，图9-95所示为本实例的最终完成效果。

图9-95

图9-95（续）

01 启动中文版Maya 2025软件，打开本书配套场景文件"文字.mb"，里面有一个文字模型，如图9-96所示。

图9-96

02 选择文字模型，单击"运动图形"工具架上的"添加壳动力学"图标，如图9-97所示，即可快速根据所选择的模型创建MASH网络对象，并自动添加Dynamics（动力学）节点。

图9-97

03 在"地面"卷展栏中，设置"位置"为（0,0,0），如图9-98所示。

04 设置完成后，播放动画，文字下落的动画效果如图9-99所示。

05 在"地面"卷展栏中，设置"反弹"为3，如图9-100所示，可以得到更加明显的反弹动画效果。

06 再次播放动画，本实例制作完成后的动画效果如图9-101所示。

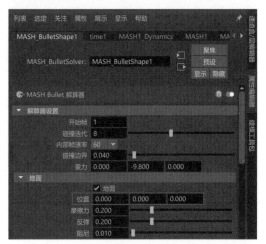

图9-98

图9-99

图9-99（续）

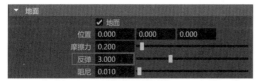

图9-100

图9-101

图9-101（续）

9.4.3 实例：使用"运动图形"制作物体碰撞动画

本实例将使用"运动图形"制作一个物体碰撞的动画效果，图9-102所示为本实例的最终完成效果。

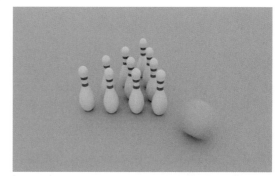

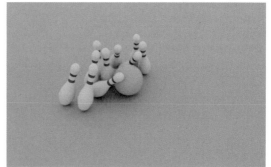

图9-102

图9-102（续）

01 启动中文版Maya 2025软件，打开本书配套资源场景文件"保龄球.mb"，如图9-103所示。里面有一组保龄球模型，并且场景中已经设置好了材质、灯光及摄影机。

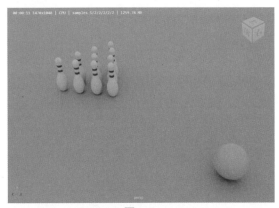

图9-103

技巧与提示：本实例中的10个球瓶实际上是一个整体模型，而不是10个球瓶模型。

02 选择场景中的球瓶模型，如图9-104所示。

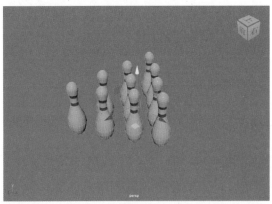

图9-104

03 单击"运动图形"工具架上的"添加壳动力学"图标，如图9-105所示，即可快速根据所选择的球瓶模型创建MASH网络对象，并自动添加Dynamics（动力学）节点。

图9-105

04 在"地面"卷展栏中，设置"位置"为（0,0,0），如图9-106所示。

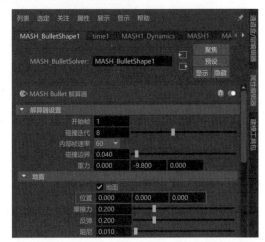

图9-106

05 在"睡眠"卷展栏中，勾选"开始时睡眠"复选框，如图9-107所示。

图9-107

06 选择场景中的蓝色球体模型，如图9-108所示。

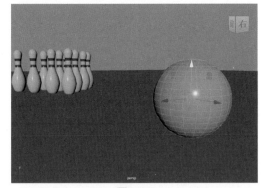

图9-108

07 单击MASH工具架上的"创建MASH网络"图标，如图9-109所示。

图9-109

08 设置完成后，根据蓝色球体创建出来的MASH网络对象的视图显示效果如图9-110所示。

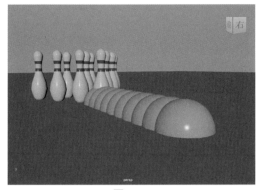

图9-110

09 在"分布"卷展栏中,设置"点数"为1,如图9-111所示。

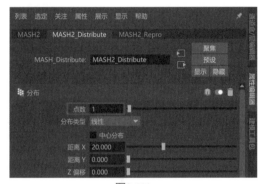

图9-111

10 在"添加节点"卷展栏中,单击Dynamics(动力学)节点图标,并执行"添加动力学节点"命令,如图9-112所示。

图9-112

11 在"添加节点"卷展栏中,单击Transform(变换)节点图标,并执行"添加变换节点"命令,如图9-113所示。

12 在Transform(变换)卷展栏中,将光标放置在"控制器NULL"上,右击并在弹出的快捷菜单中执行"创建"命令,如图9-114所示。

13 设置完成后,可以在"大纲视图"面板中看到场景中多了一个定位器,如图9-115所示。

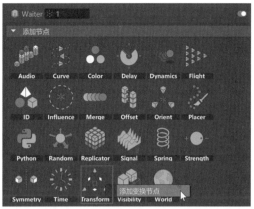

图9-113

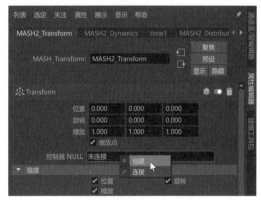

图9-114

图9-115

14 在场景中调整定位器的位置至图9-116所示。

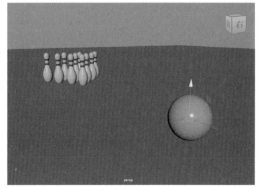

图9-116

15 在"速度"卷展栏中,设置"初始平移"为(-200,0,0),如图9-117所示。

16 播放动画,可以看到球体与球瓶的碰撞效果如图9-118所示。

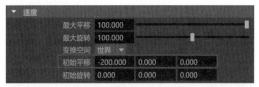

图9-117

图9-118

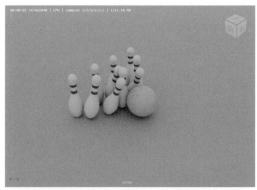

17 在"大纲视图"面板中选择MASH1对象，在"物理特性"卷展栏中，设置"摩擦力"为1、"反弹"为0.5，如图9-119所示。

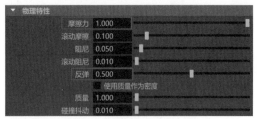

图9-119

18 再次播放动画，本实例的物体碰撞动画最终完成效果如图9-120所示。

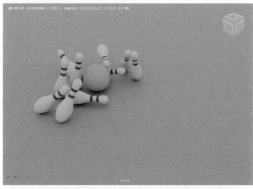

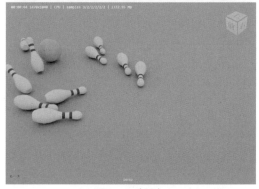

图9-120（续）

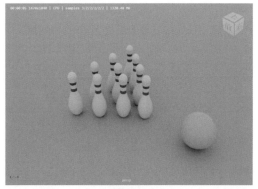

图9-120

第 10 章
渲染与 AI 绘画

10.1
渲染概述

什么是"渲染"？从其英文Render上来说，可以翻译为"着色"；从其在整个项目流程中的环节来说，可以理解为"出图"。渲染真的就仅仅是在所有三维项目制作完成后单击"渲染当前帧"按钮的那一次最后操作吗？很显然不是。

通常我们所说的渲染指的是在"渲染设置"面板中，通过调整参数来控制最终图像的照明程度、计算时间、图像质量等综合因素，让计算机在一个在合理时间内计算出令人满意的图像，这些参数的设置就是渲染。打开"渲染设置"面板，可以看到中文版Maya 2025软件的默认渲染器为Arnold Renderer，如图10-1所示。

图10-1

10.2
Arnold 渲染器

Arnold渲染器是中文版Maya 2025软件的默认渲染器，其先进的算法可以高效地利用计算机的硬

件资源，简洁的命令设计架构极大地简化了着色和照明设置步骤，渲染出来的图像真实可信。Arnold渲染器是一种基于高度优化设计的光线跟踪引擎，不提供会导致出现渲染瑕疵的缓存算法，例如光子贴图、最终聚集等。使用该渲染器提供的专业材质和灯光系统渲染图像会使得最终结果具有更强的可预测性，从而大大节省渲染师的后期图像处理步骤，缩短项目制作所消耗的时间。图10-2和图10-3所示为Arnold渲染器制作出来的三维艺术作品。

图10-2

图10-3

10.3
综合实例：制作客厅效果图

在本实例中，我们通过制作客厅效果图来学习中文版Maya 2025的常用材质、灯光及渲染器的综

合运用。实例的最终渲染结果如图10-4所示。

图10-4

打开本书的配套场景资源文件"客厅.mb"，如图10-5所示。我们首先对该场景中的常用材质进行讲解。

图10-5

10.3.1 制作地板材质

本实例中的地板材质渲染结果如图10-6所示。具体制作步骤如下。

图10-6

01 在场景中选择地板模型，如图10-7所示。

图10-7

02 单击"渲染"工具架上的"标准曲面材质"图标，为所选择的模型指定标准曲面材质，如图10-8所示。

图10-8

03 在"基础"卷展栏中，单击"颜色"属性后面的方形按钮，如图10-9所示。

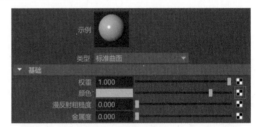

图10-9

04 在系统自动弹出的"创建渲染节点"对话框中单击"文件"属性，如图10-10所示。

图10-10

05 在"文件属性"卷展栏中,为"图像名称"指定"棕色地板.jpg"贴图文件,如图10-11所示。

图10-11

06 在"镜面反射"卷展栏中,设置"粗糙度"为0.3,如图10-12所示。

图10-12

07 制作完成后的地板材质球显示结果如图10-13所示。

图10-13

10.3.2 制作沙发材质

本实例中的沙发材质渲染结果如图10-14所示。具体制作步骤如下。

图10-14

01 在场景中选择沙发模型,如图10-15所示。

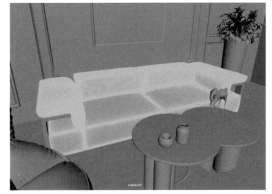

图10-15

02 单击"渲染"工具架上的"标准曲面材质"图标,为所选择的模型指定标准曲面材质,如图10-16所示。

图10-16

03 在"基础"卷展栏中,设置"颜色"为棕色,如图10-17所示,其中,颜色的参数设置如图10-18所示。

图10-17

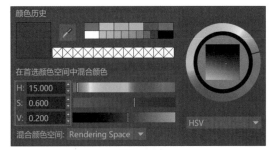

图10-18

04 在"镜面反射"卷展栏中,设置"粗糙度"为0.4,单击"颜色"属性后面的方形按钮,如图10-19所示。

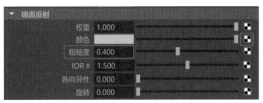

图10-19

05 在系统自动弹出的"创建渲染节点"对话框中单击"文件"属性，如图10-20所示。

图10-20

06 在"文件属性"卷展栏中，为"图像名称"指定"沙发光泽.png"贴图文件，如图10-21所示。

图10-21

07 制作完成后的沙发材质球显示结果如图10-22所示。

图10-22

10.3.3　制作花盆材质

本实例中的花盆材质渲染结果如图10-23所示。具体制作步骤如下。

图10-23

01 在场景中选择花盆模型，如图10-24所示，并为其指定"标准曲面材质"。

图10-24

02 在"基础"卷展栏中，设置"颜色"为绿色，如图10-25所示，其中，颜色的参数设置如图10-26所示。

图10-25

图10-26

03 在"几何体"卷展栏中，单击"凹凸贴图"属性后面的方形按钮，如图10-27所示。

04 在系统自动弹出的"创建渲染节点"对话框中单击aiCellNoise（细胞噪波）属性，如图10-28所示。

图10-27

图10-28

05 在系统自动弹出的"连接编辑器"面板中，将左侧aiCellNoise1节点的outColorR属性与右侧bump2d3节点的bumpValue属性相关联，然后单击该面板下方右侧的"关闭"按钮，如图10-29所示。

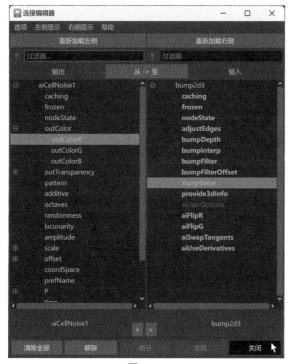

图10-29

06 在aiCellNoise1选项卡中，设置Pattern为worley2，

取消勾选Additive（相加）复选框，设置Scale（缩放）为（0.3,0.3,0.3），如图10-30所示。

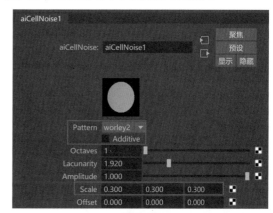

图10-30

07 制作完成后的花盆材质球显示结果如图10-31所示。

图10-31

10.3.4　制作金色金属材质

本实例中的金色金属材质渲染结果如图10-32所示。具体制作步骤如下。

图10-32

01 在场景中选择桌子模型，如图10-33所示，并为其指定"标准曲面材质"。

02 在"基础"卷展栏中，设置"颜色"为黄色、"金属度"为1，如图10-34所示，其中，"颜色"参数设置如图10-35所示。

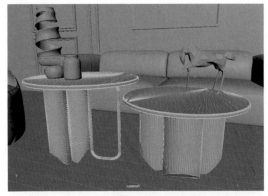

图10-33

图10-34

图10-35

03 制作完成后的金色金属材质球显示结果如图10-36所示。

图10-36

10.3.5 制作玻璃材质

本实例中的玻璃材质渲染结果如图10-37所示。具体制作步骤如下。

01 在场景中选择瓶子模型，如图10-38所示，并为其指定"标准曲面材质"。

图10-37

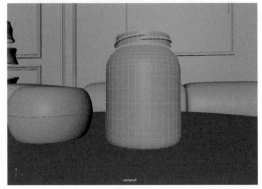

图10-38

02 在"镜面反射"卷展栏中，设置"粗糙度"为0.1，如图10-39所示。

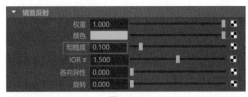

图10-39

03 在"透射"卷展栏中，设置"权重"为1、"颜色"为浅绿色，如图10-40所示，其中，颜色的参数设置如图10-41所示。

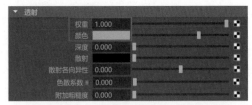

图10-40

图10-41

04 制作完成后的玻璃材质球显示效果如图10-42
所示。

图10-42

10.3.6 制作天光照明效果

接下来，开始进行场景灯光照明的步骤设置。

01 在"渲染"工具架中，单击Area Light（区域光）
图标，如图10-43所示。在场景中创建一个区域灯光。

图10-43

02 按R键，使用"缩放工具"对区域灯光进行缩
放，并在"右视图"中调整其大小和位置至图10-44
所示，与场景中房间的窗户大小相近即可。

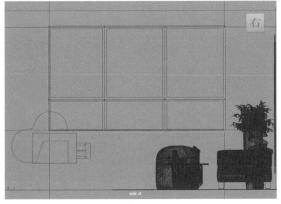

图10-44

03 使用"移动工具"调整区域灯光的位置至
图10-45所示。将灯光放置在房间外窗户模型的位
置处。

04 在Arnold Area Light Attributes（区域光属性）
卷展栏中，设置Intensity（强度）为800、Exposure
（曝光）为11，如图10-46所示。

05 设置完成后，场景的渲染预览效果如图10-47
所示。

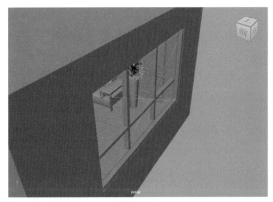

图10-45

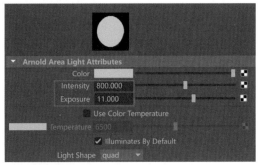

图10-46

图10-47

10.3.7 制作阳光照明效果

01 单击Arnold工具架中的Physical Sky（物理天
空）图标，如图10-48所示，在场景中创建一个物理
天空灯光。

图10-48

02 在Physical Sky Attributes卷展栏中，设置
Elevation（海拔）为20、Azimuth（方位角）为20，
调整出阳光的照射角度；设置Intensity（强度）为
50，增加阳光的亮度；设置Sun Tint（太阳色调）为

黄色；设置Sun Size（太阳尺寸）为1，增加太阳的大小，该值可以影响阳光对模型产生的阴影效果，如图10-49所示。其中，Sun Tint颜色的参数设置如图10-50所示。

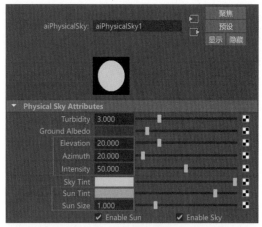

图10-49

图10-50

03 打开"渲染设置"面板，在"公用"选项卡中，展开"图像大小"卷展栏，设置渲染图像的"宽度"为1200、"高度"为800，如图10-51所示。

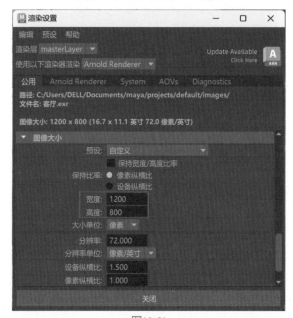

图10-51

04 在Arnold Renderer选项卡中，展开Sampling（采样）卷展栏，设置Camera（AA）为9，提高渲染图像的计算采样精度，如图10-52所示。

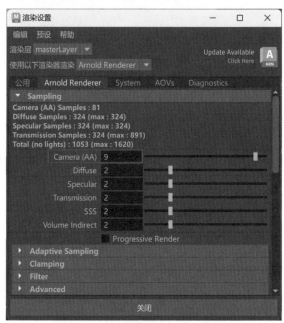

图10-52

05 设置完成后，渲染场景，本实例的最终渲染结果如图10-53所示。

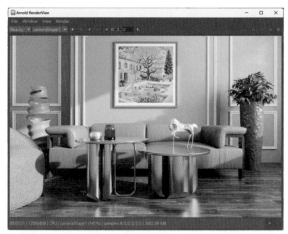

图10-53

10.3.8　对渲染图进行 AI 重绘

接下来，我们学习使用Stable Diffusion对渲染出来的图像进行重绘，得到不同油画画家绘画风格的图像效果。

01 在"模型"选项卡中，单击"DreamShaper XL"模型，如图10-54所示，将其设置为"Stable Diffusion模型"。

图10-54

02 在"生成"选项卡中的"图生图"选项卡里上传一张"渲染图.png"图像文件，如图10-55所示。

图10-55

03 在"图生图"选项卡中输入中文提示词："客厅，沙发，地板，植物，桌子，花瓶，油画，梵高"，按Enter键，即可将其翻译为英文："living_room,couch,floor,plant,table,vase,oil_painting,van gogh,"，如图10-56所示。

图10-56

技巧与提示：提示词可以根据渲染图的内容进行输入。

04 在"生成"选项卡中，设置"迭代步数（Steps）"为30、"宽度"为1200、"高度"为800、"总批次数"为2，如图10-57所示。

图10-57

05 单击"生成"按钮，绘制出来的图像效果如图10-58所示。

图10-58

06 设置"重绘幅度"为0.5，如图10-59所示。

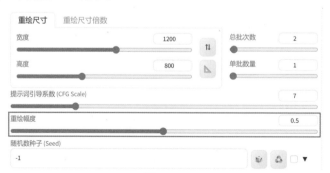

图10-59

07 重绘图像，可以得到与原图更加接近的油画风格AI作品，如图10-60所示。

图10-60

技巧与提示：读者可以尝试更换画家的名字来得到不同油画风格的AI绘画作品，如图10-61～图10-63所示。

图10-61

图10-62

图10-63

10.4
综合实例：制作别墅效果图

在本实例中，我们通过渲染一个室外建筑场景学习Maya材质、灯光和Arnold渲染器的综合运用，实例的最终渲染结果如图10-64所示。

图10-64

打开配套场景资源文件"别墅.mb"，如图10-65所示。我们首先对该场景中的常用材质进行讲解。

图10-65

10.4.1 制作砖墙材质

本实例中的砖墙材质渲染结果如图10-66所示，具体制作步骤如下。

图10-66

01 在场景中选择别墅的墙体部分模型，如图10-67所示，并为其指定"标准曲面材质"。

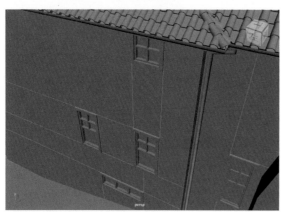

图10-67

02 在"基础"卷展栏中，单击"颜色"属性后面的方形按钮，如图10-68所示。

图10-68

03 在系统自动弹出的"创建渲染节点"对话框中单击"文件"属性，如图10-69所示。

04 在"文件属性"卷展栏中，为"图像名称"指定"砖墙.jpg"贴图文件，再将上方该纹理的名称复制下来，如图10-70所示。

05 在"镜面反射"卷展栏中，设置"粗糙度"值为0.3，如图10-71所示。

图10-69

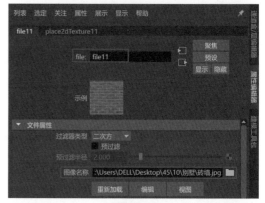

图10-70

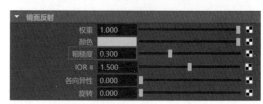

图10-71

06 在"几何体"卷展栏中，在"凹凸贴图"属性后面的文本框内粘贴刚刚复制的纹理名称，按Enter键，即可将砖墙材质的"颜色"属性上所使用的"文件"渲染节点连接到凹凸贴图属性上，如图10-72所示。

图10-72

07 制作完成后的砖墙材质球显示结果如图10-73所示。

图10-73

10.4.2 制作瓦片材质

本实例中的瓦片材质渲染结果如图10-74所示，具体制作步骤如下。

图10-74

01 在场景中选择别墅屋顶位置处的瓦片部分模型，如图10-75所示，并为其指定"标准曲面材质"。

图10-75

02 在"基础"卷展栏中，设置"颜色"为蓝色。在"镜面反射"卷展栏中，设置"粗糙度"为0.1，如图10-76所示。其中，"基础"卷展栏中的"颜色"参数设置如图10-77所示。

03 制作完成后的瓦片材质球显示结果如图10-78所示。

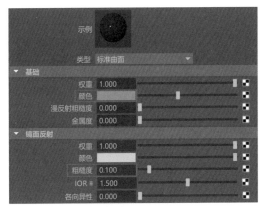

图10-76

图10-77

图10-78

10.4.3 制作栏杆材质

本实例中的栏杆材质渲染结果如图10-79所示，具体制作步骤如下。

图10-79

01 在场景中选择别墅一楼门口位置处的栏杆部分模型，如图10-80所示，并为其指定"标准曲面材质"。

图10-80

02 在"基础"卷展栏中，单击"颜色"属性后面的方形按钮，如图10-81所示。

图10-81

03 在弹出的"创建渲染节点"对话框中单击"文件"属性，如图10-82所示。

图10-82

04 在"文件属性"卷展栏中，为"图像名称"指定"木纹.jpg"贴图文件，如图10-83所示。

图10-83

05 在"镜面反射"卷展栏中，设置"粗糙度"为0.1，如图10-84所示。

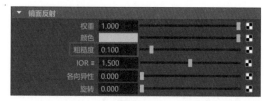

图10-84

06 制作完成后的栏杆材质球显示结果如图10-85所示。

图10-85

10.4.4　制作窗户玻璃材质

本实例中的窗户玻璃材质渲染结果如图10-86所示，具体制作步骤如下。

图10-86

01 在场景中选择别墅的窗户玻璃部分模型，如图10-87所示，并为其指定"标准曲面材质"。

图10-87

02 在"镜面反射"卷展栏中，设置"粗糙度"为0，如图10-88所示。

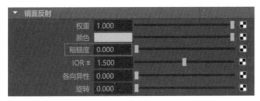

图10-88

03 在"透射"卷展栏中，设置"权重"为1，如图10-89所示。

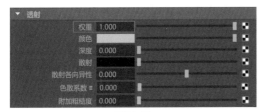

图10-89

04 制作完成后的窗户玻璃材质球显示结果如图10-90所示。

图10-90

10.4.5 制作树叶材质

本实例中的树叶材质渲染结果如图10-91所示，具体制作步骤如下。

图10-91

01 在场景中选择树叶部分模型，如图10-92所示，并为其指定"标准曲面材质"。

图10-92

02 在"基础"卷展栏中，单击"颜色"属性后面的方形按钮，如图10-93所示。

图10-93

03 在系统自动弹出的"创建渲染节点"对话框中单击"文件"属性，如图10-94所示。

04 在"文件属性"卷展栏中，为"图像名称"指定"叶片2.jpg"贴图文件，如图10-95所示。

05 在"镜面反射"卷展栏中，设置"粗糙度"为0.5，如图10-96所示。

图10-94

图10-95

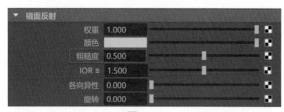

图10-96

06 在"几何体"卷展栏中，单击"不透明度"属性后面的方形按钮，如图10-97所示。

图10-97

07 在系统自动弹出的"创建渲染节点"对话框中单击"文件"属性，如图10-98所示。

08 在"文件属性"卷展栏中，为"图像名称"指定

"叶片2透明.jpg"贴图文件，如图10-99所示。

图10-98

图10-99

09 制作完成后的树叶材质球显示结果如图10-100所示。

图10-100

10.4.6 制作烟囱砖墙材质

本实例中的烟囱砖墙材质渲染结果如图10-101

所示，具体制作步骤如下。

图10-101

01 在场景中选择烟囱模型，如图10-102所示，并为其指定"标准曲面材质"。

图10-102

02 在"基础"卷展栏中，单击"颜色"属性后面的方形按钮，如图10-103所示。

图10-103

03 在系统自动弹出的"创建渲染节点"对话框中单击"文件"属性，如图10-104所示。

04 在"文件属性"卷展栏中，为"图像名称"指定"砖墙C.jpg"贴图文件，如图10-105所示。

05 在"镜面反射"卷展栏中，设置"粗糙度"为0.3，如图10-106所示。

06 制作完成后的烟囱砖墙材质球显示结果如图10-107所示。

图10-104

图10-105

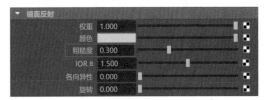

图10-106

图10-107

10.4.7 制作阳光照明效果

01 在Arnold工具架中，单击Create Physical Sky（创建物理天空）图标，如图10-108所示。在场景中创建一个Arnold渲染器的物理天空灯光，如图10-109所示。

图10-108

图10-109

02 在Physical Sky Attributes（物理天空属性）卷展栏中，设置Elevation（海拔）为30、Azimuth（方位角）为150、Intensity（强度）为3、Sun Size（太阳尺寸）为3，如图10-110所示。

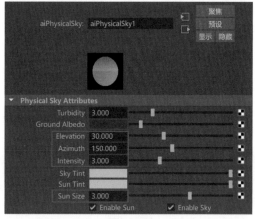

图10-110

03 打开"渲染设置"面板，在"公用"选项卡中，展开"图像大小"卷展栏，设置渲染图像的"宽度"为1200、"高度"为800，如图10-111所示。

04 在Arnold Renderer选项卡中，展开Sampling（采样）卷展栏，设置Camera（AA）为9，提高渲染图像的计算采样精度，如图10-112所示。

05 设置完成后，渲染场景，渲染结果看起来较暗，如图10-113所示。

图10-111

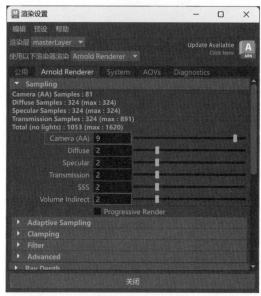

图10-112

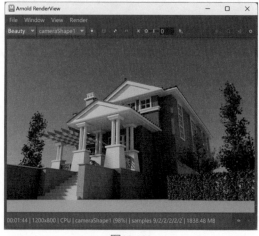

图10-113

06 接下来，调整渲染图像的亮度及层次感。在Arnold RenderView（Arnold渲染窗口）右侧的Display（显示）选项卡中，设置渲染图像的Gamma（伽马）为1.6、Exposure（曝光）为0.5，如图10-114所示。

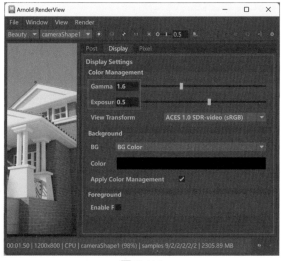

图10-114

07 本实例的最终渲染结果如图10-115所示。

图10-115

10.4.8 对渲染图进行 AI 重绘

接下来，我们学习使用Stable Diffusion对渲染出来的图像进行重绘，得到卡通风格的图像效果。

01 在"模型"选项卡中，单击"儿童绘本插画MOMO"模型，如图10-116所示，将其设置为"Stable Diffusion模型"。

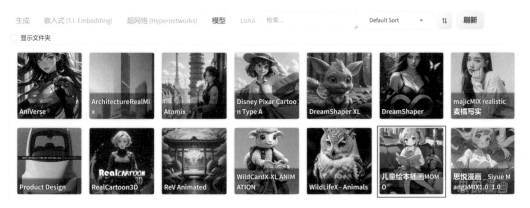

图10-116

02 在"文生图"选项卡中输入中文提示词："房屋，树，砖墙，蓝天，花，简单背景"后，按Enter键则可以生成对应的英文："house,tree,brick_wall,blue_sky,flower,simple background,"，如图10-117所示。

图10-117

03 在"反向词"文本框内输入："正常质量，最差质量，低质量，低分辨率"，按Enter键，即可将其翻译为英文："normal quality,worstquality,low quality,lowres，"，并提高这些反向提示词的权重为2，如图10-118所示。

图10-118

04 在"ControlNet单元0"选项卡中，添加一张"渲染图.jpg"图片，勾选"启用"和"完美像素模式"复选框，设置"控制类型"为"Lineart（线稿）"，然后单击红色爆炸图案形状的Run preprocessor（运行预处理）按钮，如图10-119所示。

图10-119

05 经过一段时间的计算，在"单张图片"选项卡中图片的旁边会显示出计算出来的建筑线稿图，如图10-120所示。

06 在"ControlNet单元1"选项卡中，添加一张"渲染图.jpg"图片，勾选"启用"和"完美像素模式"复选框，设置"控制类型"为"Depth（深度）"。"控制权重"为0.3，然后单击红色爆炸图案形状的Run preprocessor（运行预处理）按钮，如图10-121所示。

07 经过一段时间的计算，在"单张图片"选项卡中图片的旁边会显示出计算出来的建筑深度图，如图10-122所示。

图10-120

图10-121

08 在"生成"选项卡中，设置"迭代步数（Steps）"为30、"高分迭代步数"为20、"放大倍数"为2、"宽度"为600、"高度"为400、"总批次数"为2，如图10-123所示。

09 设置完成后，绘制出来的图像结果如图10-124所示。

图10-122

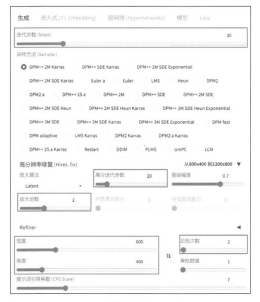

图10-123

图10-124

10 在Lora选项卡中，单击"儿童绘本_picture book"模型，如图10-125所示。

11 设置完成后，可以看到该Lora模型会出现在"提示词"文本框中，将"儿童绘本_picture book"Lora模型的权重设置为0.8，如图10-126所示。

图10-125

图10-126

⑫ 重绘图像，可以得到不同风格的卡通别墅AI作品，如图10-127所示。

图10-127